Qualità dell'acqua potabile di rubinetto e pretrattata in zone rurali

Lyubov Grigorenko

Qualità dell'acqua potabile di rubinetto e pretrattata in zone rurali

ScienciaScripts

Imprint
Any brand names and product names mentioned in this book are subject to trademark, brand or patent protection and are trademarks or registered trademarks of their respective holders. The use of brand names, product names, common names, trade names, product descriptions etc. even without a particular marking in this work is in no way to be construed to mean that such names may be regarded as unrestricted in respect of trademark and brand protection legislation and could thus be used by anyone.

Cover image: www.ingimage.com

This book is a translation from the original published under ISBN 978-3-659-82326-8.

Publisher:
Sciencia Scripts
is a trademark of
Dodo Books Indian Ocean Ltd. and OmniScriptum S.R.L publishing group

120 High Road, East Finchley, London, N2 9ED, United Kingdom
Str. Armeneasca 28/1, office 1, Chisinau MD-2012, Republic of Moldova, Europe

ISBN: 978-620-8-20041-1

Copyright © Lyubov Grigorenko
Copyright © 2024 Dodo Books Indian Ocean Ltd. and OmniScriptum S.R.L publishing group

Recensori:

Buryak L.I. - Dottore in Scienze Mediche, Professore del Dipartimento di Igiene ed Ecologia "Accademia Medica di Dnepropetrovsk del Ministero della Salute dell'Ucraina", Accademico dell'Accademia delle Scienze dell'Ucraina, direttore scientifico del laboratorio N-VTC "Hygienist" e del laboratorio di ricerca N-VTC "Expertise". Autore di oltre 300 lavori scientifici, tra cui 2 monografie, 5 invenzioni e 35 proposte.

Shevchenko I.N. - Candidato in Scienze Mediche, Professore Associato, Primo Vice-Rettore dell'Istituto Medico di Medicina Tradizionale e Non Tradizionale di Dnepropetrovsk. Autore di oltre 150 lavori scientifici.

CONTENUTI.

INTRODUZIONE 3

SEZIONE 1: MATERIALI E METODI DI RICERCA 8

SEZIONE 2: VALUTAZIONE IGIENICA DEGLI INDICATORI DI QUALITÀ DELL'ACQUA POTABILE UTILIZZATI DALLA POPOLAZIONE DELLA ZONA DI URBANIZZAZIONE OCCIDENTALE (KRIVOY ROG) 15

SEZIONE 3: MORBILITÀ DEI RESIDENTI RURALI IN ALCUNI TAXA DELL'OBLAST DI DNEPROPETROVSK (PER LIVELLO DI INDICATORI MEDI ANNUI) 26

SEZIONE 4: CARATTERISTICHE COMPARATIVE DEGLI INDICATORI DI QUALITÀ DELL'ACQUA PRETRATTATA DI DIVERSI PRODUTTORI PRODOTTA NELLA ZONA DI URBANIZZAZIONE DI KRIVOY ROG E DELL'ACQUA POTABILE DEL RUBINETTO IN 1 DISTRETTO RURALE (DISTRETTO DI KRIVOY ROG) 35

CONCLUSIONE 49

ELENCO DI RIFERIMENTO 52

INDICE DEI CONTENUTI

Rilevanza. L'analisi della situazione attuale in Ucraina nell'ambito dell'approvvigionamento di acqua potabile, della qualità dell'acqua potabile e delle condizioni sanitarie delle fonti di approvvigionamento idrico indica un reale pericolo del fattore acqua per la salute umana [1]. Le tendenze negative nel fornire alla popolazione acqua potabile di qualità garantita si sono accumulate per molti decenni e ora in alcune regioni dell'Ucraina hanno raggiunto uno stato critico [2].

La regione di Dnepropetrovsk è una delle più grandi in Ucraina in termini di contaminazione delle fonti di approvvigionamento idrico. Secondo i risultati di numerosi studi, è emerso che in diverse aree rurali della regione di Dnepropetrovsk la qualità dell'acqua potabile proveniente da corpi idrici superficiali non soddisfa i requisiti sanitari in oltre il 60% dei campioni per gli indicatori fisici e chimici e in oltre il 10% dei campioni per quelli batteriologici [3].

Tuttavia, il problema della qualità dell'acqua potabile nelle aree rurali non è oggetto di attenzione da parte degli scienziati nazionali. L'acqua potabile proveniente da fonti decentrate nella maggior parte delle aree rurali dell'Ucraina non soddisfa i requisiti degli standard igienici in termini di composizione minerale: durezza totale, contenuto di sali, composti azotati, ferro, manganese, il cui contenuto è da 2 a 10 volte superiore all'MPC. Ma gli scienziati non attribuiscono sempre questo fenomeno all'inquinamento antropico delle fonti di approvvigionamento idrico, bensì alle peculiarità naturali regionali degli strati interstiziali del suolo in cui si forma l'acqua [3].

Poiché la maggior parte della ricerca scientifica si concentra sullo studio dello stato igienico dell'approvvigionamento idrico della popolazione urbana, soprattutto nelle regioni industriali dell'Ucraina [4, 5],
6], la necessità di tali studi nelle aree rurali diventa ancora più sentita. A questo proposito, la questione dello studio della composizione chimica dell'acqua potabile nelle aree rurali è di attualità.

Sin dai tempi dell'ex URSS, l'Ucraina ha mantenuto la pratica di concedere permessi temporanei per l'utilizzo di acqua di rubinetto di qualità non standard in termini di composizione minerale. Circa 4,6 milioni di persone in 160 città e 100 insediamenti di tipo urbano in 25 regioni dell'Ucraina ricevono acqua potabile da fonti di approvvigionamento idrico sotterranee con deviazioni dai requisiti normativi [7]. Tuttavia, sul territorio dell'Oblast di Dnepropetrovsk, con una popolazione totale di 3,4 milioni di abitanti - il numero della popolazione rurale è di 609365 abitanti - lo studio della composizione chimica dell'acqua potabile nelle aree rurali non è stato condotto nell'ultimo decennio.

Nel complesso impatto di vari fattori ambientali sullo stato di salute pubblica, un contributo significativo è dato dall'acqua potabile, che può causare morbilità infettiva e non infettiva [8]. È noto che la non conformità della qualità dell'acqua potabile ai requisiti normativi è una delle cause della diffusione di malattie a eziologia non infettiva: carie dentale o fluorosi dentale (carenza o eccesso di fluoro); metemoglobinemia da nitrati nell'acqua (eccesso di nitrati nell'acqua); urolitiasi o colelitiasi (eccesso di sali minerali nell'acqua); gozzo endemico (carenza di iodio nell'acqua); malattie cardiovascolari (acqua dolce o dura) [9].

I lavori degli scienziati - igienisti nazionali degli ultimi 10 anni hanno permesso di prevedere le conseguenze pericolose della migrazione attiva dei metalli pesanti (HM) negli ambienti di vita e di formulare il loro impatto negativo sulla salute della popolazione delle aree residenziali delle città industriali [10]. È dimostrato che negli ultimi 20 anni nell'aria delle città industriali dell'Ucraina si è verificata una graduale diminuzione del contenuto di HM nell'aria, ma un aumento significativo del loro contenuto nell'acqua e nei prodotti alimentari, che è correlato al tasso di contaminazione interna dell'organismo degli abitanti delle città industriali [11]. Pertanto, il problema dello studio dell'inquinamento chimico nei sistemi di approvvigionamento idrico centralizzato e decentralizzato negli insediamenti rurali è rilevante.

Uno studio pluriennale condotto da scienziati americani nelle aree rurali di alcuni stati americani selezionati, nel periodo 1971-2006, ha identificato i fattori eziologici in 48 casi di epidemie di malattie trasmesse dall'acqua verificatesi in 24 stati. Di questi 48 focolai, 36 erano associati all'acqua potabile non sufficientemente trattata proveniente da fonti di acqua freatica, che ha contribuito alle malattie infettive tra gli adulti: 4128 persone si sono ammalate e 3 sono morte [12].

L'analisi dettagliata delle cause dei focolai di malattie trasmesse dall'acqua ha mostrato che 21 focolai (58,3%) erano associati al batterio E. coli, 5 focolai (13,9%) erano di origine virale, 3 focolai (8,3%) erano causati da parassiti, 1 focolaio (2,8%) era associato alla contaminazione chimica dell'acqua potabile proveniente dai pozzi, 1 focolaio (2,8%) era dovuto alla contaminazione simultanea di fonti di acqua sotterranea con batteri e virus, 1 focolaio (2,8%) era dovuto alla contaminazione simultanea di acqua potabile con batteri e parassiti e 4 focolai (11,1%) erano di eziologia incerta. Tra i 36 focolai acquatici negli adulti in stati americani selezionati, sono stati segnalati 22 focolai (61,1%) di malattie gastrointestinali acute, 12 focolai (33,3%) di malattie acute da enterovirus e 1 focolaio (2,8%) di epatite A [13]. Le cause principali di questi focolai di malattie trasmesse dall'acqua in tutti gli Stati Uniti sono considerate dagli epidemiologi del Centro per il controllo delle malattie come carenze associate al consumo di acqua potabile trattata in modo inadeguato da forniture sotterranee. In totale sono stati segnalati 21 (59,5%) casi di focolai acquatici, con le principali carenze: 13 (61,9%) casi sono correlati all'acqua potabile non trattata proveniente da fonti di approvvigionamento di acqua sotterranea, 6 (28,6%) al sistema di trattamento dell'acqua potabile, 1 (4,8%) al sistema di distribuzione dell'acqua potabile pretrattata e 1 (4,8%) alla rete di distribuzione [14].

Non sono stati rilevati focolai nel trattamento delle forniture di acqua di superficie. Più del 50% delle forniture di acque sotterranee nelle aree rurali degli Stati Uniti ha causato focolai di malattie di origine idrica associati a forniture di acque sotterranee non trattate o trattate in modo inadeguato in un periodo di 35 anni (dal 1997 al 2006), quindi la contaminazione delle acque sotterranee rimane un problema igienico urgente [15]. Pertanto, le agenzie di salute pubblica negli Stati Uniti si stanno concentrando sulle cause identificate di malattia, soprattutto tra le popolazioni rurali, sulla sanificazione dei pozzi e delle fonti di acqua potabile e sulla sanificazione dei pozzi rurali per proteggere la popolazione da patogeni batterici e virali [16].

Secondo la letteratura [17] è stato stabilito che il ruolo principale di influenza sulla salute della popolazione è svolto da fattori di rischio come lo "stile di vita", la situazione demografica sfavorevole, l'alimentazione irrazionale, le condizioni di lavoro dannose e simili. La quota di influenza di questi fattori sulla salute è del 49-53%, quella dei fattori genetici è del 18-22%, quella dei fattori medici dell'8-10% e quella dei fattori ambientali del 17-20% [18]. Di conseguenza, quando si affronta la questione del pericolo dell'inquinamento ambientale per la salute della popolazione rurale, si deve tenere conto del fatto che i fattori nocivi possono influire non solo per inalazione, ma anche per via orale, attraverso l'acqua potabile e il cibo [19, 20, 21]. Ciò è particolarmente importante per le sostanze che sono diffuse e facilmente incluse nelle catene biologiche: "suolo - acque sotterranee e superficiali - piante - animali - uomo". Queste includono principalmente metalli pesanti, composti organici persistenti contenenti azoto e altri xenobiotici [22, 23, 24].

Secondo le Nazioni Unite, attualmente 1,1 miliardi della popolazione mondiale non hanno accesso ad acqua potabile di qualità. Le malattie infettive causate dal fattore acqua rappresentano circa l'80% delle malattie infettive nel mondo. L'acqua potabile non soddisfa i requisiti igienico-sanitari e rappresenta una minaccia di malattie di massa della popolazione, con un aumento della mortalità (soprattutto tra i bambini).

La disponibilità di acqua potabile di alta qualità in quantità tali da soddisfare le esigenze umane di base è una delle condizioni per migliorare la salute umana e lo sviluppo sostenibile dello Stato. Il mancato rispetto degli standard di qualità dell'acqua potabile può portare a conseguenze sfavorevoli per la salute e il benessere della popolazione. A questo proposito, è importante valutare l'impatto dell'acqua sul corpo umano, in particolare sugli abitanti dei villaggi. Il fattore acqua, infatti, contribuisce all'insorgenza e alla complicazione di oltre l'80% delle malattie somatiche, come l'arteriosclerosi e altre malattie non trasmissibili [25].

Dato che la maggior parte della ricerca scientifica degli ultimi 20 anni si è concentrata sullo studio dello stato igienico della fornitura di acqua potabile nelle città industriali, la necessità di tale ricerca nelle aree rurali diventa ancora più discutibile.

Scopo e obiettivi dello studio. L'obiettivo del lavoro è quello di fornire un riscontro scientifico delle misure sanitarie e igieniche volte a migliorare la sicurezza e la qualità dell'acqua potabile delle fonti di approvvigionamento idrico centralizzate e decentralizzate negli insediamenti rurali della regione di Dnepropetrovsk, sulla base della valutazione ecologica e igienica degli indicatori di qualità dell'acqua di rubinetto e dell'acqua potabile trattata.

Per raggiungere l'obiettivo dello studio, sono previsti i seguenti **obiettivi:**
1. valutare la qualità dell'acqua del serbatoio Karachunovskoye - fonte di approvvigionamento idrico centralizzato per la popolazione dell'urbanizzazione occidentale (zona di Krivoy Rog), in base al livello degli indicatori medi annuali della composizione salina, degli indicatori sanitari generali, chimici, organolettici e tossicologici della composizione chimica dell'acqua per il periodo di osservazione a lungo termine (1965 - 2012) anni.
2. determinare il livello di morbilità tra la popolazione adulta - residenti nei taxa rurali della regione di Dnepropetrovsk per un periodo di osservazione di 6 anni (2008 - 2013).
3. Effettuare una valutazione comparativa degli indicatori di qualità dell'acqua pretrattata da diverse aziende produttrici, prodotta nella zona di urbanizzazione di Krivoy Rog, e dell'acqua potabile del rubinetto in 1 distretto (distretto di Krivoy Rog).

Oggetto dello studio: indicatori di qualità dell'acqua potabile; indicatori di morbilità della popolazione rurale; carico orale sulla popolazione rurale derivante dall'ingestione di composti chimici con l'acqua potabile.

Metodi di ricerca: studio epidemiologico retrospettivo (per l'analisi della morbilità tra la popolazione adulta dei taxa rurali della regione); sanitario-tossicologico, fisico-chimico (per la determinazione degli indicatori di qualità dell'acqua dalle fonti di approvvigionamento idrico); sanitario-statistico (per l'elaborazione matematica degli indicatori quantitativi ottenuti, metodi di variazione statistica).

L'elaborazione statistica dei risultati è stata effettuata su un personal computer utilizzando i pacchetti statistici standard STATISTICA 6.0 (numero di licenza 74017-640-0000106-57362). Il pacchetto Excel (numero di licenza 74017-640-0000106-57285) è stato utilizzato per la preparazione iniziale delle tabelle e per i calcoli intermedi. Sono stati calcolati i seguenti parametri: valori medi

(M), errori della media (m), mediana (Me), intervallo di confidenza (CI) del 25‑75%.

SEZIONE 1: MATERIALI E METODI DI RICERCA

Per risolvere i compiti prefissati abbiamo condotto complessi studi ecologici e igienici sulla qualità dell'acqua del serbatoio Karachunovskoye - una fonte di approvvigionamento idrico centralizzato per la popolazione dell'urbanizzazione occidentale (zona di Krivoy Rog); abbiamo studiato gli indicatori di qualità dell'acqua potabile pretrattata prodotta da varie aziende; abbiamo effettuato una valutazione retrospettiva dello stato di salute della popolazione adulta dei taxa rurali della regione di Dnepropetrovsk. Per la realizzazione del programma di lavoro sono stati utilizzati metodi di ricerca adeguati agli scopi e ai compiti: ricerca epidemiologica retrospettiva; metodi chimico-analitici (spettrofotometria di assorbimento atomico); metodi chimico-sanitari (fotocolorimetria); metodi statistico-sanitari (elaborazione matematica degli indicatori quantitativi ricevuti, metodi di statistica delle variazioni). Informazioni generiche sulle fasi, i metodi e i volumi della ricerca sono riportate nella (Tabella 1).

In base alla distribuzione territoriale, i 22 distretti amministrativi della regione di Dnepropetrovsk sono stati classificati in 6 tipi di taxa, secondo lo "Schema di pianificazione del territorio della regione di Dnepropetrovsk". [26]. La classificazione dei taxa territoriali è stata effettuata in base agli indicatori che tengono conto del potenziale di sviluppo dei singoli taxa, ovvero: la comodità dei trasporti e della posizione geografica, la fornitura alla popolazione rurale di acqua potabile di qualità garantita e il potenziale di risorse naturali, il livello di sviluppo della rete di trasporti, il potenziale di lavoro e il livello di sviluppo economico, sociale, ambientale e urbano.

Tabella 1
Fasi, metodi e ambito della ricerca

No. n/a	Fase di ricerca	Metodi di ricerca	Ambito di ricerca
1.0	¹Determinazione della qualità dell'acqua del serbatoio di Karachunovskoye - una fonte di approvvigionamento idrico centralizzato per la popolazione dell'urbanizzazione occidentale (zona di Krivoy Rog):		
1.1	Studi sulla composizione salina dell'acqua del lago artificiale di Karachunovskoye in base ai livelli dei valori medi annuali (1965-2012) anni	Chimica sanitaria: determinazione della durezza totale, del residuo secco, dei solfati e dei cloruri con metodi foto-lorimetrici.	7296
1.2	Valutazione degli indicatori organolettici e chimico-sanitari generali della qualità dell'acqua del bacino di Karachunovskoye per gli anni (2008-2012)	Organolettica: odore a 200 - 600C, sapore e retrogusto, colore, torbidità	1000

		Sanitario e chimico: determinazione di pH, alcalinità, acidità permanganica, acidità bicromatica, BOD, ossigeno disciolto, carbonio organico totale con metodi foto-colorimetrici.	1750
1.3.	Determinazione degli indicatori della composizione chimica dell'acqua del serbatoio di Karachunovskoye (2008-2012) anni	Chimica sanitaria: determinazione di azoto ammoniacale, nitriti, nitrati, Mo, As, Zn, cianuro, Ni, Pb, CaPO4, Mg, Na+ - K+, Fe, Cd, Cu, F, Cr, silicio, ecc.	5500
		Acido, polifosfati, SPAS, prodotti petroliferi, fenolo con metodi fotocolorimetrici e spettrofotometrici di assorbimento atomico	
2.0	[1]Studio degli indicatori di qualità dell'acqua potabile pretrattata utilizzata dalla popolazione dell'urbanizzazione occidentale (zona di Krivoy Rog):		
2.1.	Studio degli indicatori di qualità dell'acqua potabile pretrattata prodotta dal produttore Mizrahin LLC (2012-2014) anni di osservazione	Organolettica: odore a 200 - 600C, gusto e sapore, colore, torbidità, sedimentazione	1301
		Sanitario e chimico: determinazione della durezza totale, del residuo secco, dei cloruri, dei solfati, del ferro totale, dell'alcalinità totale, del Mg, dello Zn, del Cu, del Mn, del pH, del F, dell'Al, dell'Ag, del Pb, del Cd, del Hg, dell'azoto ammoniacale, dei nitriti, dei nitrati, dell'acidità con metodi fotocolorimetrici e di spettroscopia di assorbimento atomico.	2602

2.2.	Studio degli indicatori di qualità dell'acqua potabile pretrattata prodotta dall'azienda produttrice "Anisimov" LLC (2012-2014) anni di osservazione	Organolettica: odore a 200 - 600C, gusto e sapore, colore, torbidità, sedimentazione	1059
		Chimica sanitaria: determinazione della durezza totale, del residuo secco, del cloruro, del solfato, del ferro totale, dell'alcalinità totale, del Mg, dello Zn, del Cu, del Mn, del pH, del F, dell'Al, dell'Ag, del Pb, del Cd, del Hg, dell'azoto ammoniacale, del nitrito, del nitrato, dell'acidità con il metodo fotocolorimetrico e della spettro-fotometria di assorbimento atomico.	2118
3.0	[2]Studio della dinamica degli indicatori di salute della popolazione rurale della regione di Dnipropetrovsk per gli anni 2008-2013:		
3.1.	Studio della morbilità tra la popolazione adulta in 6 aree rurali della regione di Dnepropetrovsk, secondo i livelli degli indicatori medi pluriennali	Studio epidemiologico retrospettivo: Tutte le malattie, I (A00- B99), II (C00-D48) III (D50-D89), (D50- D53), IV (E00-E90), VI (G00-G99), IX (I00-I99), X (J00- J99), XI (K00-K93), XII (L00-L99), XIII (M00-M99), XIV (N00-N99), XVII (Q00-Q99), XVII (Q20-Q28) classi di malattie (ICD - X).	522720

Classificazione dei taxa rurali della regione di Dnepropetrovsk.

Il primo tipo - taxa con un indicatore di potenziale elevato e un alto livello di sviluppo socio-economico e urbano (distretti di Krivoy Rog e Novomoskovsk); il secondo tipo - taxa con un indicatore di potenziale medio e un alto livello di sviluppo socio-economico e urbano (distretti di Nikopol e Pavlograd); il terzo tipo - taxa con un indicatore di potenziale elevato e un livello medio di sviluppo socio-economico e urbano (distretto di Dnepropetrovsk); il quarto tipo - taxa con un indicatore di potenziale medio e un livello medio di sviluppo socio-economico e urbano (distretto di Dnepropetrovsk)

La zona sperimentale - zona di urbanizzazione occidentale (Krivoy Rog) occupa il 9% dell'area della regione di Dnepropetrovsk, con una popolazione di 740 mila persone, di cui il 94% è costituito da popolazione urbana. La zona di urbanizzazione di Krivoy Rog comprende la città di Krivoy Rog e l'area del lago artificiale di Karachunovskoye con zone di protezione delle acque per lo sviluppo di attività ricreative a breve termine e stazionarie. Lo sviluppo della città di Krivoy Rog e dell'area del lago artificiale di Karachunovskoye è associato al funzionamento di potenti imprese minerarie e metallurgiche, che hanno raggiunto un livello di crisi in termini di urbanizzazione e di impatto ambientale negativo. Il "Programma di riforma e sviluppo dell'edilizia abitativa e dei servizi comunali nella regione di Dnipropetrovsk per il periodo 2004-2020" prevede: la ricostruzione delle reti di approvvigionamento idrico e di smaltimento delle acque reflue; misure per l'introduzione delle più recenti tecnologie nell'industria mineraria; la bonifica dei territori disturbati, il riassetto paesaggistico e la sistemazione delle ZPS; la razionalizzazione dei trasporti e della rete ingegneristica e di comunicazione; la determinazione dell'area delle zone di protezione delle acque del bacino idrico di Karachunovskoye e del loro regime.

Tabella 2

Struttura della copertura dei residenti dei taxa rurali nell'Oblast di Dnipropetrovsk con l'approvvigionamento di acqua potabile centralizzato e decentralizzato

Taxon rurale	Numero di fonti centralizzate di approvvigionamento di acqua potabile (ass., %)	Numero di fonti decentrate di approvvigionamento di acqua potabile (ass., %)	Numero totale di tutte le fonti di approvvigionamento di acqua potabile (ass., %)	Classifica (per peso specifico della copertura da parte di entrambi i tipi di fonti di approvvigionamento idrico)
1	9 (4,8 %)	235 (43,6 %)	244 (33,6 %)	1
2	13 (6,9 %)	7 (1,3 %)	20 (2,7 %)	6
3	28 (15 %)	5 (0,9 %)	33 (4,5 %)	5
4	42 (22,5 %)	52 (9,7 %)	94 (13 %)	4
5	16 (8,5 %)	91 (16,9 %)	107 (14,7 %)	3
6	79 (42,2 %)	148 (27,5 %)	227 (31,3 %)	2
Totale per taxa	187 (100 %)	538 (100 %)	725 (100 %)	

Per lo studio degli indicatori di qualità dell'acqua potabile sono stati utilizzati i seguenti metodi di ricerca: organolettico - odore, colore, torbidità; fisico-chimico - durezza totale, residuo secco, cloruri, solfati, ferro totale, rame, zinco, manganese, fenoli, pH; sanitario-tossicologico - nichel, arsenico, piombo, fluoro, alluminio, selenio, mercurio, azoto nitrito, azoto nitrico, acidità. Per la determinazione degli indicatori organolettici, fisico-chimici e igienico-tossicologici abbiamo utilizzato i documenti normativi pertinenti (Tabella 3).

Tabella 3

ELENCO DEGLI INDICATORI DI QUALITÀ DELL'ACQUA POTABILE E DEI METODI PER IL LORO CONTROLLO

Indicatori organolettici della qualità dell'acqua potabile	
Odore a 20 °C	GOST 3351, DSTU EN 1420-1
Odore se riscaldato fino a 60 °C	GOST 3351, DSTU EN 1420-1
Gusto e sapore	GOST 3351
Colorazione	GOST 3351, DSTU ISO 7887
Torbidità	GOST 3351, DSTU ISO 7027
Indicatori di qualità chimica che influenzano le proprietà organolettiche proprietà dell'acqua potabile	
Componenti inorganici	
Valore dell'idrogeno (pH)	DSTU 4077
Residuo secco (mineralizzazione totale)	GOST 18164
Rigidità totale	GOST 4151, DSTU ISO 6059
Alcalinità totale	DSTU ISO 9963-1, DSTU ISO 9963-2
Solfati	GOST 4389, DSTU ISO 10304-1
Cloruri	GOST 4245, DSTU ISO 10304-1, DSTU ISO 9297
Ferro totale (Fe)	GOST 4011, DSTU ISO 6332
Manganese (Mp)	GOST 4974, DSTU ISO 11885, DSTU ISO 15586
Rame (C)	GOST 4388, DSTU ISO 11885, DSTU ISO 15586
Zinco (Zn)	GOST 18293, DSTU ISO 11885, DSTU ISO 15586
Calcio (Ca)	DSTU ISO 6058, DSTU ISO 11885
Magnesio (Mg)	DSTU ISO 6059, DSTU ISO 11885
Sodio (Na)	GOST 23268.6, DSTU ISO 11885
Potassio (K)	GOST 23268.7, DSTU ISO 11885
Componenti organici	
Prodotti petroliferi	GOST 17.1.4.01
Indicatori tossicologici di innocuità della composizione chimica acqua potabile	
Componenti inorganici	
Alluminio (AX)	GOST 18165, DSTU KO 11885, DSTU ISO 15586
Ammoniaca (NH4+)	GOST 4192, DSTU ISO 6778, DSTU ISO 7150-1, DSTU ISO 5664
Cadmio (Cd)	DSTU ISO 11885, DSTU ISO 15586
Arsenico (As)	GOST 4152, DSTU ISO 11885, DSTU ISO 15586

Nichel (Ni)	DSTU 7150, DSTU ISO 11885
Nitrati (NO3-)	GOST 18826, GOST 4192, DSTU 4078, DSTU ISO 7890-1, DSTU ISO 7890-2,
	DSTU ISO 10304-1
Nitriti (NO2-)	GOST 4192, DSTU ISO 6777
Mercurio (Hg)	GOST 26927
Piombo (Pb)	GOST 18293, DSTU ISO 11885, DSTU ISO 15586
Fluoruri (F-)	GOST 4386, DSTU ISO 10304-1
Cromo totale (Cg)	DSTU ISO 11885, DSTU ISO 15586
Cianuri (CN-)	DSTU ISO 6703-1, DSTU ISO 6703-2, DSTU ISO 6703-3
Componenti organici	
Pesticidi (totale)	DSTU ISO 6468
Tensioattivi sintetici (SPAS)	DSTU ISO 7875-1
Indicatori integrali	
Ossidazione del permanganato	GOST 23268.12
Totale organico carbone	DSTU EN 1484

Nel nostro studio abbiamo utilizzato una serie di metodi igienico-sanitari, epidemiologici, fisico-chimici e statistici. Abbiamo determinato gli indicatori medi annuali della qualità dell'acqua della fonte superficiale - il bacino di Karachunovskoye - secondo i requisiti del SanPiN n. 4630-88 [27]. La classe dell'acqua della fonte per ciascuno degli indicatori studiati è stata determinata secondo la norma GOST 4008:2007 [28]. Come indicatori sono stati selezionati i seguenti indicatori di inquinamento delle fonti idriche: organolettico (odore, sapore e gusto, torbidità), durezza totale, residuo secco, solfati, cloruri, ossidabilità al permanganato, pH, ossidabilità al bicromato, ossigeno disciolto, carbonio organico totale, contenuto di elementi in traccia e sostanze chimiche (Mo, As, Ni, Zn, Na+ - K+, Ca, Mg, Fe, Mn, Cu, F, cianuri, fosfato di calcio, azoto ammoniacale, nitriti e nitrati, acido silicico, tensioattivi sintetici, polifosfati e prodotti petroliferi) (in totale sono stati studiati 33 indicatori). Lo studio della maggior parte degli indicatori di qualità dell'acqua del bacino di Karachunovskoye è stato condotto nel periodo 2008-2012, la composizione salina dell'acqua (durezza totale, residuo secco, solfati, manganese) in base ai valori medi annuali per i periodi: 1965-1979, 1980-1990, 1991-2001, 2002-2012. La misurazione di questi indicatori è stata effettuata con metodi gascromatografici e di assorbimento atomico.

Nel periodo 2012-2014 abbiamo studiato la qualità dell'acqua potabile pretrattata prodotta da due aziende specializzate nel pretrattamento dell'acqua proveniente dalla rete idrica centralizzata della città di Krivoy Rog - Mizrahin LLC e Anisimov LLC. Durante il periodo di osservazione di tre anni, sono stati condotti 3.903 test sugli indicatori di qualità dell'acqua pretrattata prodotta da Mizrahin LLC e 3.177 test sull'acqua potabile pretrattata prodotta da Anisimov LLC. L'acqua potabile pretrattata prodotta da queste imprese specializzate viene utilizzata nei punti di imbottigliamento locali e fornisce acqua alla popolazione della città di Krivoy Rog e alla popolazione rurale di 1 taxon (distretto rurale di Krivoy Rog).

Gli indicatori di qualità medi annui dell'acqua potabile pretrattata per il periodo 2012-2014 sono stati confrontati con le norme vigenti per l'acqua confezionata proveniente da punti di imbottigliamento, secondo la GSanPiN 2.2.4-171-10 "Requisiti igienici per l'acqua potabile destinata al consumo umano" [29]. [29]. [00]La qualità dell'acqua pretrattata è stata studiata mediante indicatori organolettici: odore a 20 e 60 C, sapore, colore, torbidità, presenza di sedimenti, indicatori fisico-chimici: [3]durezza totale, residuo secco, alcalinità totale, ferro totale, indice di idrogeno, solfati, cloruri, sanitari-tossicologici: rame, zinco, arsenico, manganese, piombo, cadmio, alluminio, fluoruri, acidità, ammonio, nitrito, nitrato (secondo NO).

Sulla base dei dati dei rapporti statistici ufficiali [30], è stato creato un database sullo stato di salute della popolazione adulta residente in 6 aree rurali della regione di Dnepropetrovsk.

L'analisi degli indicatori di morbilità tra la popolazione adulta (secondo 15 classi ICD-X) è stata condotta in 22 distretti amministrativi della regione di Dnipropetrovsk, distribuiti in 6 tipi di taxa rurali. Il numero totale di attributi di esito (indicatori di salute) che sono stati analizzati sono presentati nella (Tabella 1). L'analisi è stata condotta con il metodo dell'osservazione retrospettiva continua basata sui dati riportati sul territorio dei 6 taxa rurali della regione di Dnipropetrovsk, confrontati con gli indicatori medi annuali per la regione di Dnipropetrovsk nel suo complesso per il periodo 2008-2013. Il raggruppamento statistico dei materiali sulla morbilità della popolazione rurale è stato effettuato in conformità con la "Classificazione statistica internazionale delle malattie" (ICD-10) [31].

L'elaborazione statistica e l'analisi dei risultati dello studio sono state effettuate con i metodi della statistica della variazione [32] utilizzando Microsoft Excel-2003 [33] e STATISTICA v. 6.1® (Licenza n. 74017-640-0000106-57362). Le caratteristiche statistiche sono presentate come: numero di osservazioni (n), media aritmetica (M), errore standard della media (m), mediana (Me), indici relativi (numero ass., %). Tenendo conto della legge di distribuzione dei dati (test di Kolmogorov-Smirnov), per il confronto sono state utilizzate le analisi di Student, Mann-Whitney, chi-quadro ($\chi 2$), ANOVA a un fattore e Kruskal-Wolis. Il livello critico di significatività statistica (p) nel testare le ipotesi statistiche è stato accettato (p < 0,05), (p < 0,001).

SEZIONE 2: VALUTAZIONE IGIENICA DEGLI INDICATORI DI QUALITÀ DELL'ACQUA POTABILE UTILIZZATI DALLA POPOLAZIONE DELLA ZONA DI URBANIZZAZIONE OCCIDENTALE (KRIVOY ROG)

[333]Sul territorio della regione di Dnipropetrovsk ci sono più di 52,8 miliardi di metri di risorse idriche, tra cui il deflusso locale - 0,826 miliardi di metri, le riserve di acque sotterranee - 0,381 miliardi di metri [34]. [333]I principali inquinatori dei corpi idrici nel bacino del fiume Dnieper sono l'industria (le emissioni nel 2007 hanno superato i 790,9 milioni di metri (62%), i servizi pubblici (359,5 milioni di metri (28%), l'agricoltura (123,4 milioni di metri (9,6%) e altre industrie (1,6 milioni di m3 (meno dell'1%) [35].

Un ruolo importante nell'accumulo di sostanze nocive nel bacino di Karachunovskoye è svolto dall'afflusso di acqua inquinata nel fiume Ingults dalla regione di Kirovograd, poiché gli elementi pesanti si depositano sul fondo in seguito a una forte diminuzione della velocità del flusso d'acqua nel bacino, oltre all'inquinamento che entra nel fiume dalle imprese della città di Krivoy Rog [36, 37]. I maggiori inquinanti dei corpi idrici del bacino dell'Ingults a monte del bacino di Karachunovskoye sono gli effluenti delle imprese industriali degli oblast di Kirovograd e Dnepropetrovsk (Znamyanka, Alexandria, Yellow Waters) e delle imprese agricole [38].

Il bacino minerario di Krivoy Rog è il più grande in Ucraina in termini di riserve di minerale di ferro e il principale centro minerario dell'Oblast di Dnepropetrovsk. La città di Krivoy Rog concentra 21 miliardi di tonnellate di riserve di minerale di ferro, di cui le riserve industriali ammontano a 18 miliardi di tonnellate [39]. Il complesso industriale ed economico della regione di Krivoy Rog si è formato sulla base dell'utilizzo delle risorse minerarie, che hanno influenzato lo sviluppo della produzione, portando a un'elevata concentrazione territoriale di imprese minerarie e metallurgiche [40, 41]. [3]Ogni anno le imprese minerarie operanti nel bacino pompano circa 40 milioni di m3 di acque sotterranee (miniere, pozzi a cielo aperto), di cui 17-18 milioni di m3 di acque di miniera altamente mineralizzate [42]. [3] Le possibilità massime di utilizzo delle acque sotterranee nei cicli di riciclaggio delle imprese minerarie si aggirano intorno ai 28-29 milioni all'anno, mentre i restanti 11-12 milioni di metri all'anno vengono temporaneamente accumulati e trattenuti nel bacino idrico della miniera [43].

La mancanza di una vera alternativa per l'uso o l'utilizzo completo dell'acqua riciclata in eccesso rende necessario l'uso annuale di misure per lo scarico dell'acqua riciclata in eccesso dalle imprese minerarie di Kryvbas nei corpi idrici della regione [44].

Una significativa concentrazione di oggetti potenzialmente pericolosi sul territorio della regione di Krivoy Rog (miniere, cave, discariche, bacini di decantazione, cumuli di scorie), a condizione che il pompaggio delle acque sotterranee venga interrotto o che i serbatoi di stoccaggio tracimino, diventerà inevitabilmente una fonte di sviluppo di disastri antropici su larga scala [45]. Le infrastrutture della città di Krivoy Rog sono associate al funzionamento di potenti imprese minerarie e metallurgiche, che hanno raggiunto un livello critico in termini di urbanizzazione e impatto ambientale negativo [46].

Dinamica della composizione salina dell'acqua del bacino di Karachunovskoye, per livelli di valori medi annuali per (19652012) anni

È stata stabilita la dinamica della crescita della durezza totale nell'acqua del bacino di Karachunovskoye in base ai livelli degli indicatori medi annui: da (6,76±0,40) mmol/dm3 nel 1965-1979 a (10,28±0,44) mmol/dm3 nel 20022012. Allo stesso tempo, nel periodo 1965-1979, secondo la norma GOST 4008:2007, l'acqua del serbatoio è stata inserita nella terza classe di fonti di approvvigionamento idrico superficiale, ovvero con una "qualità dell'acqua soddisfacente e accettabile" secondo l'indicatore di durezza totale. [28]. [3]In base ai livelli degli indicatori medi annuali nel periodo 1980-1990, 1991-2001, 2002-2012, la durezza totale ha superato i 7,0 mmol/dm, quindi l'acqua del serbatoio di Karachunovskoye può essere riferita alla 4a classe di acque superficiali, cioè "mediocre, limitatamente adatta, di qualità indesiderabile" (Fig. 1).

[3]**Figura 1: Livello medio annuale di durezza totale nell'acqua del bacino di Karachunovskoye (mmol/dm).**

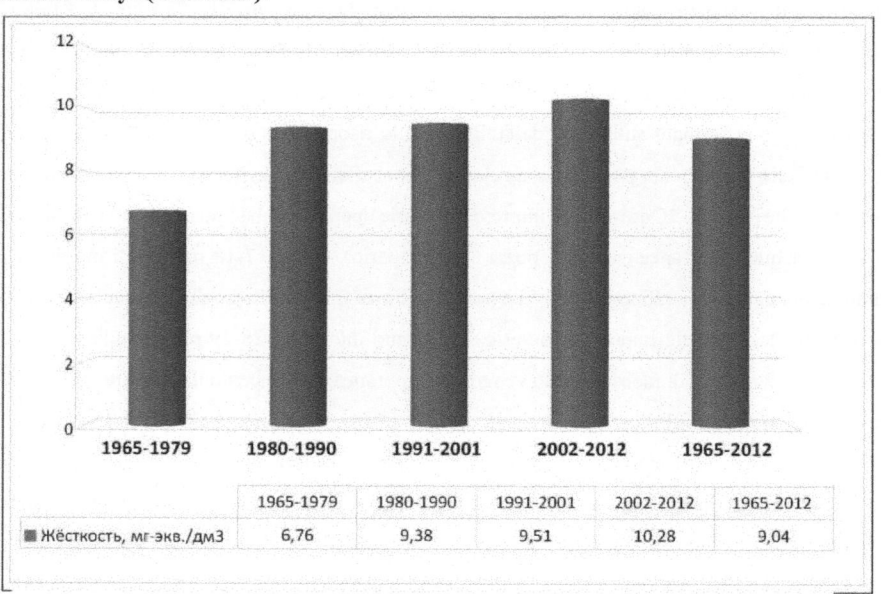

[3]Il residuo secco per gli anni 1965-1979 e 1980-1990 non ha superato lo standard igienico stabilito (1000 mg/m) secondo la norma SanPiN n. 4630-88 [27], e l'acqua di questo bacino è stata classificata

come classe 3 secondo la norma GOST 4008:2007 [28]. Dal 1991 al 2012, la qualità dell'acqua in termini di contenuto di residui secchi si è deteriorata, per cui la fonte d'acqua è stata classificata come serbatoio di acqua superficiale di classe 4. Per l'analogo periodo di osservazione, viene mostrata la dinamica dell'aumento del residuo secco con il superamento dello standard igienico: nel 1991-2001 in 1,04 volte; nel 2002-2012 in 1,23 volte. - 1,23 volte. ³ Il contenuto medio di residui secchi per il periodo dal 1965 al 2012 è stato pari a 1005,31±37,12 mg/dm (Fig. 2).

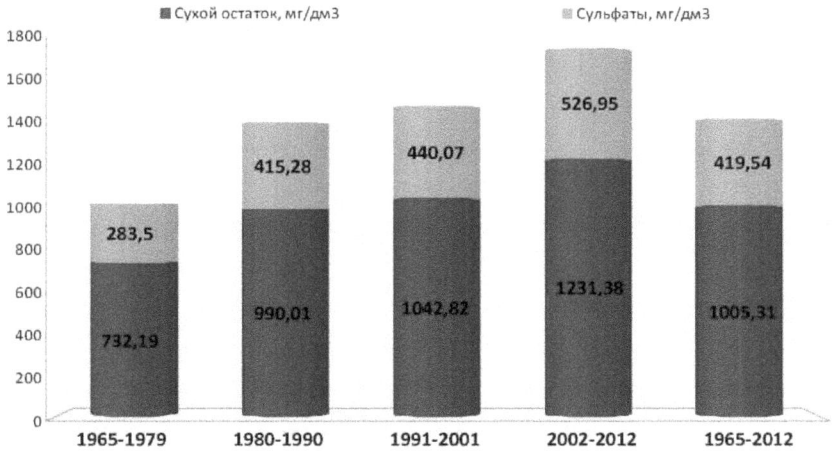

³Figura 2: Valori medi annuali di residuo secco e solfato nell'acqua del bacino di Karachunovskoye, calcolati su 19652012, (mg/dm).

Viene mostrata la tendenza all'aumento dell'indicatore medio annuale del contenuto di solfati nell'acqua del bacino di Karachunovskoye. ³ ³La concentrazione di solfati è aumentata rapidamente da 283,50±8,50 mg/dm nel 1965-1979 (superando il MAC di 1,13 volte) a 526,95±6,27 mg/dm nel 20012012 (superando il MAC di 2,11 volte). In termini di contenuto di solfati, l'acqua di questo bacino appartiene alla classe 4 dei corpi idrici superficiali per l'intero periodo di osservazione (1965-2012). ³Per quanto riguarda il contenuto di cloruri, è stata osservata una dinamica di diminuzione di 1,34 volte: da 139,58±2,49 a 104,33±1,80 mg/dm . ³³Nel periodo 2008-2012 i cloruri non hanno superato il MAC (250 mg/dm) nell'acqua del bacino e la qualità dell'acqua corrispondeva alla classe 3 (101-250 mg/dm). Il contenuto più elevato di manganese è stato osservato negli anni 1980-1990 e 1991-2001 e variava da 2,2-2,1 MAC. ³In generale, la qualità dell'acqua di questo corpo idrico appartiene alla classe 3 ed è stata di 0,162±0,018 mg/dm per l'intero periodo di osservazione (1965-2012). ³La migliore qualità del corpo idrico superficiale in termini di contenuto di manganese (classe 2) è stata registrata nel 1965-1979 e nel 2001-2012 ed era inferiore al livello MAC (0,1 mg/dm).

Indicatori organolettici e chimico-sanitari generali della qualità dell'acqua del bacino di Karachunovskoye per il periodo 2008-2012

In termini di odore a 20-60°C, l'acqua apparteneva alla classe 1 nel periodo 2008-2012 (<1 punto), ad eccezione del 2009 (1 punto), cioè l'acqua del serbatoio apparteneva alla classe 2. In generale, il punteggio medio annuale dell'odore dell'acqua del serbatoio di Karachunovskoye apparteneva alla classe di qualità 1 ed era di 0,77±0,05 punti. Il gusto e il sapore dell'acqua non hanno mai superato le norme igieniche e sono rimasti entro 0 punti; l'acqua di questo serbatoio apparteneva alla classe 1 delle fonti di approvvigionamento idrico di superficie in termini di qualità.

L'indice di idrogeno rientrava nella norma stabilita per le sorgenti superficiali di classe 2 (pH = 7,6-8,1) durante il periodo di osservazione di 5 anni, ad eccezione del 2010 (pH = 8,21±0,06), quando la qualità dell'acqua del bacino apparteneva alla classe 3 (pH = 8,2-8,5). È stata riscontrata una tendenza all'aumento del colore dell'acqua, da 55,50±5,53 gradi nel 2008 a 67,25±6,57 gradi nel 2012, ma l'acqua del bacino apparteneva alla classe 2 di qualità delle acque superficiali (20-80 gradi) per l'intero periodo di osservazione.

[333]La dinamica di aumento della torbidità dell'acqua nel serbatoio è stata rilevata in 1,45 volte - da 2,22±0,34 mg/dm (2008) a 3,23±0,42 mg/dm (2012), tuttavia, in base al livello di questo indicatore l'acqua era della migliore qualità, in quanto non superava il valore di torbidità per la prima classe di fonti di approvvigionamento idrico (<20 mg/dm). [3]L'indicatore di alcalinità ha mostrato una tendenza alla diminuzione nel periodo 2008-2012: da 4,50±0,05 a 4,19±0,06 mmol/dm (1,07 volte). [3]In generale, secondo questo indicatore, l'acqua del bacino di Karachunovskoye appartiene alla classe di qualità 3 (4,1-6,5 mmol/dm) per l'intero periodo di osservazione.

[2]L'acidità del permanganato variava da 8,27±0,19 a 9,58±0,27 mgO /dm3 , con il valore più alto dell'indicatore nel 2012 e una pronunciata tendenza all'aumento. [2,3,2,3]Tuttavia, nel periodo 2008-2012, l'indice medio annuale di ossidazione del permanganato era entro i limiti della classe 2 (3-10 mgO /dm) ed era pari a 8,65±0,11 mgO /dm . [2,33]Nelle acque del lago artificiale di Karachunovskoye, l'indice di ossidabilità del bicromato (BOD) tende a diminuire di 1,38 volte: da 21,72±0,67 mgO /dm nel 2008 a 15,75±0,79 mgO2/dm nel 2012. [2,3)]Tuttavia, durante l'intero periodo di osservazione, la qualità dell'acqua del bacino è stata di classe 2 (21,06±0,58 mgO /dm , non superiore allo standard igienico stabilito (9-30 mgC)$_{2\ dm3}$) (Fig. 3).

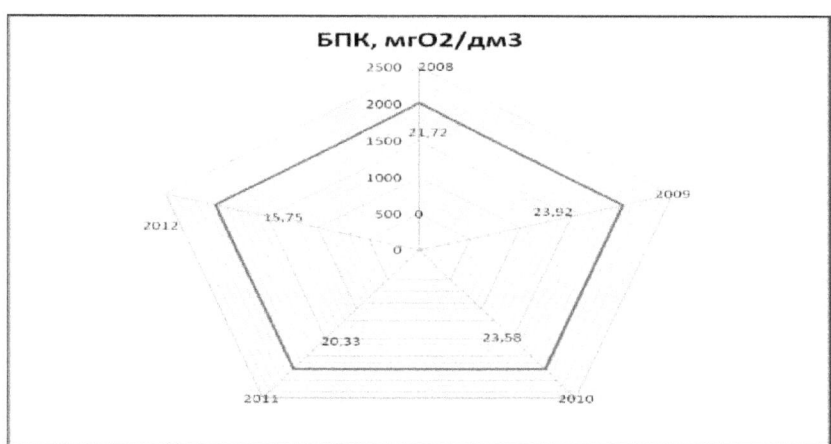

[2,3]**Figura 3: Valore medio dell'ossidabilità del bicromato nell'acqua del bacino di Karachunovskoye nel periodo 2008-2012, (mgO /dm).**

[2,3]Il valore del BOD ha mostrato una tendenza all'aumento nel periodo 2008-2012, con il livello più alto nel 2011 - 2,81±0,35 mgO /dm . [3,3]Allo stesso tempo, il BOD medio annuale (2,58±0,18 mgO2/dm) non ha superato i limiti di fluttuazione stabiliti per le sorgenti superficiali di classe 2 (1,3-3,0 mgO2/dm). [3,2]L'ossigeno solubile nell'acqua del bacino non ha superato i limiti della classe 1 (>8,0 mgO2/dm), ma nel corso dei 5 anni di osservazione si è registrata una tendenza all'aumento del suo contenuto nell'acqua - da 9,15±1,03 a 9,57±0,97 mgO /dm3. [3]In base al livello dell'indicatore medio annuale di ossigeno solubile, l'acqua appartiene alla prima classe di qualità delle fonti idriche (9,09±0,45 mgO2/dm) (Fig. 4).

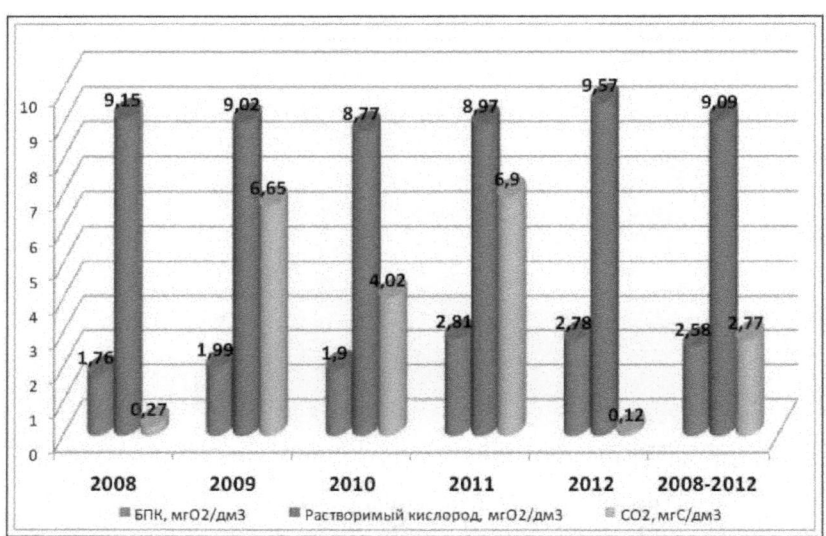

Figura. 4. ³Contenuto medio di BOD, ossigeno solubile e CO2 nell'acqua del bacino di Karachunovskoye nel periodo 2008-2012 (mgO2/dm).

³³Il contenuto medio di carbonio organico totale nell'acqua rientrava nella classe 1-2, ma in base al livello dell'indicatore medio annuale (2,77±0,63 mgC/dm) l'acqua del bacino di Karachunovskoye è stata classificata come classe di qualità 1 (<5,0 mgC/dm). ³³Il valore più alto del carbonio organico totale è stato registrato nel 2011 (6,90±0,96 mgC/dm; classe 2), quello più basso nel 2012 (0,12±0,08 mgC/dm; classe 1).

Indicatori tossicologici della composizione chimica dell'acqua del bacino di Karachunovskoye per gli anni 2008 - 2012

³³³Il contenuto medio di molibdeno nell'acqua non superava il MAC per i corpi idrici superficiali (0,25 mg/dm), ma la qualità dell'acqua secondo questo indicatore apparteneva alla classe 3 per tutti gli anni di osservazione tranne il 2009 (<0,001 mg/dm), cioè l'acqua del bacino corrispondeva alla classe 1 (<1 µg/dm). ³L'acqua è stata caratterizzata come "soddisfacente, di qualità accettabile" (classe 3) in termini di livello del molibdeno medio annuo (0,036±0,006) mg/dm . ³L'arsenico nell'acqua del bacino non ha superato il MAC (0,05 mg/dm) per il periodo 2008-2012, il che corrisponde a una qualità dell'acqua di classe 2. ³È stata riscontrata una tendenza alla diminuzione del contenuto medio di arsenico nell'acqua del bacino superficiale nel corso del periodo di osservazione di 5 anni, con valori compresi tra 0,005 e 0,001 mg/dm . ³³Il contenuto di cianuro nell'acqua è rimasto costante, nell'intervallo 0,02-0,05 mg/dm , con un indicatore medio annuale di 0,035±0,015 mg/dm . ³³Pertanto, il contenuto di cianuro nell'acqua era di classe di qualità 3 (11-50

µg/dm) e non ha superato il MAC (0,1 mg/dm) per l'intero periodo di osservazione.

[33]Come illustrato nella (Fig. 5), il contenuto medio di nichel nell'acqua del bacino ha oscillato costantemente con una tendenza caratteristica ad aumentare questo elemento chimico per 15 volte: da 0,004±0,002 mg/dm nel 2009 a 0,060±0,004 mg/dm nel 2012. [3]Va notato che la concentrazione di nichel nell'acqua non ha mai superato il MAC (0,1 mg/dm). [3][3]Secondo l'indicatore medio annuale del contenuto di nichel (0,043±0,007) mg/dm, l'acqua è di classe di qualità 2 (20-50 µg/dm). [33]Il piombo non ha superato il MAC (0,03 mg/dm) nell'acqua e il suo contenuto è stato costantemente a un livello <0,001 mg/dm , quindi l'acqua proveniente dalla fonte superficiale è risultata della migliore qualità (classe 1).

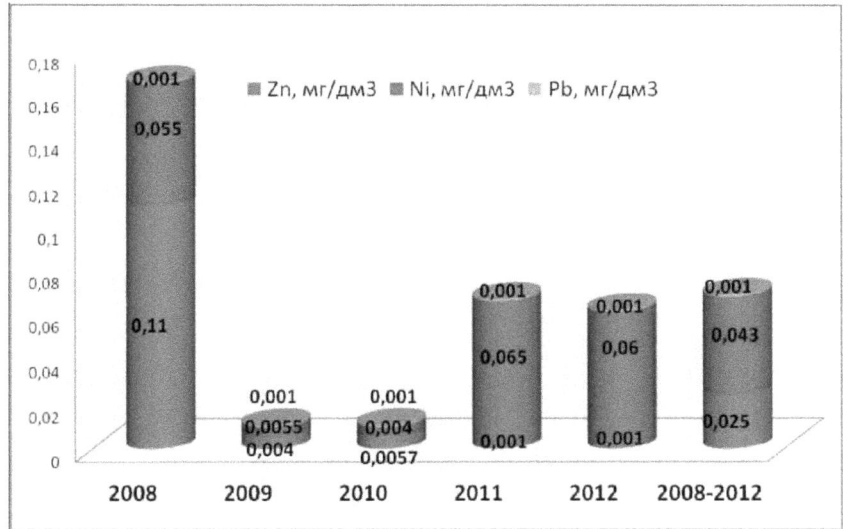

Figura 5. [3]Contenuto medio di metalli pesanti (Zn, Ni, Pb) nell'acqua del bacino di Karachunovskoye nel periodo 2008-2012 (mg/dm).

[3]Il contenuto medio di zinco nell'acqua non ha superato il MAC (1,0 mg/dm). [3]L'acqua del serbatoio di Karachunovskoye è stata caratterizzata da una "qualità eccellente e desiderabile" (classe 1) dal 2009 al 2012, mentre nel 2008 è stata riscontrata una qualità soddisfacente (classe 3) con un valore di <0,11 mg/dm . [3]In termini di livelli medi annui di zinco, l'acqua del bacino è stata prevalentemente caratterizzata da una "qualità buona e accettabile" (classe 2), con una concentrazione media di zinco di 0,025±0,02 mg/dm .

[3]Il contenuto medio di fosfato di calcio ha superato il MAC (3,5 mg/dm): 26,05 volte (nel 2008) e 23,5 volte (nel 2012). [3]Il fosfato di calcio medio annuale è stato di 90,25±1,19 mg/dm, superando il MAC di 25,78 volte. [3]Il contenuto di composti di magnesio nell'acqua del serbatoio ha costantemente superato il MAC per il periodo 2008-2012 e variava da 76,57±1,19 a 58,85±2,64

mg/dm (MAC 3,82-2,94 con una tendenza alla diminuzione nel 2012). [3]Secondo il livello dell'indicatore medio annuale (71,59±1,36 mg/dm), i composti di magnesio hanno superato lo standard igienico (3,58 MAC), pertanto l'acqua del bacino di Karachunovskoye è classificata come classe di qualità 3 in base a questo indicatore.

[3]È stata evidenziata la dinamica di diminuzione dei composti sodio-potassio nell'acqua del bacino: da 236,58±4,83 a 189,33±6,05 mg/dm . Tuttavia, il contenuto di questi composti nell'acqua ha superato il MAC durante il periodo di 5 anni e ha fluttuato entro 1,18-1,11 MAC, ad eccezione del 2011-2012. [3]Anche la concentrazione media annuale di sodio e potassio nell'acqua ha superato il MAC di 1,07 volte, essendo pari a 215,0±4,31 mg/dm (Fig. 6).

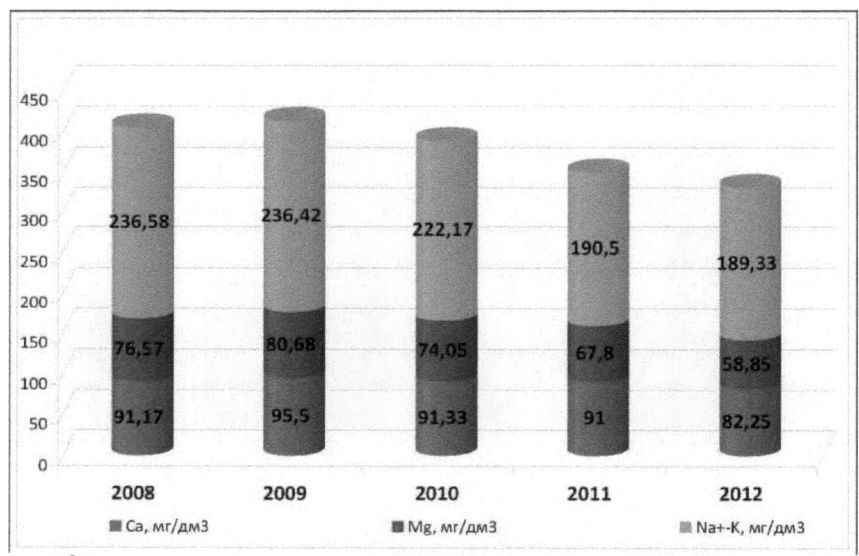

Figura. 6. [3]Contenuto medio di componenti inorganici nell'acqua del serbatoio di Karachunovskoye per il periodo 2008-2012 (mg/dm).

[33]L'azoto ammonico non ha superato il valore MAC (2 mgCdm), ma c'è stata una tendenza all'aumento del contenuto di questo composto nel 2008-2012, con il livello più alto nel 2010 - 0,393±0,025 мгN/DM . Allo stesso tempo, la qualità dell'acqua nel 2010-2011 corrispondeva alla classe 3, mentre negli anni precedenti corrispondeva alla classe 2. [33]Secondo il livello dell'indicatore medio annuo (entro 0,262±0,013 мгN/DM), L'azoto ammonico corrispondeva alla seconda classe di qualità della fonte idrica 0,10-0,30 мгN/DM . [3]L'azoto nitrito non ha superato il valore MAC (3,3 мгN/DM) per l'intero periodo di osservazione e l'acqua era principalmente di classe di qualità 3.

Tuttavia, nel 2008 e nel 2010, l'acqua è stata sottoposta a un controllo di qualità. [33]Tuttavia, nel 2008 e nel 2010, l'acqua del bacino di Karachunovskoye corrispondeva alla classe 4 come "qualità mediocre, poco adatta, indesiderabile" (>0,050 мгN/DM), con il valore più alto di questo indicatore nel 2010 (0,061±0,021) мгN/DM . [3]Va notato che il contenuto di azoto nitrico ha mostrato una tendenza negativa alla diminuzione nel periodo 2008-2012, ma le concentrazioni di questi composti non hanno superato il valore MAC (45 мгN/DM). [33]L'acqua del bacino di Karachunovskoye durante l'intero periodo di osservazione può essere classificata come classe di qualità 4 (>1,00 мгN/DM), con un elevato contenuto di azoto nitrico nel 2008 - 1,58±0,17 мгN/DM (Tabella 4).

Tabella *4* **Dinamica degli indicatori dell'attività nitrificante e del** contenuto di ferro e rame nell'acqua del bacino di Karachunovskoye nel periodo 2008-2012.

Anni	Azoto ammoniacale, мгN/DM^3	Azoto nitrito, мгN/DM^3	Azoto nitrico, мгN/DM^3	Ferro, mg/dm^3	Rame, mg/dm^3
Valore medio dell'indicatore, M±m					
2008	0,20±0,02 Me = 0,2 (25-75) % CI 0,125-0,275	0,058±0,030 Me = 0,02 (25-75) % CI 0,02-0,043	1,58±0,17 Me = 1,5 (25-75) % CI 1,175-1,9	0,026±0,003 Me = 0,02 (25-75) % CI 0,02-0,03	0,0056±0,001 Me = 0,005 (25-75) % DI 0,0025-0,0082
2009	0,22±0,02 Me = 0,22 (25-75) %DI 0,15-0,25	0,033±0,009 Me = 0,02 (25-75) % CI 0,02-0,031	1,23±0,16 Me = 1,15 (25-75) % CI 0,835-1,65	0,024±0,009 Me = 0,02 (25-75) % CI 0,02-0,03	0,0076±0,0026 Me = 0,005 (25-75) % CI 0,0025-0,0082
2010	0,208±0,023 Me = 0,185 (25-75) % IC 0,145-0,255	0,061±0,021 Me = 0,03 (25-75) % IC 0,02-0,0565	1,204±0,199 Me = 0,975 (25-75) % CI 0,59-1,8	0,342±0,003 Me = 0,035 (25-75) % CI 0,02-0,045	0,0025±0,0005 Me = 0,002 (25-75) % CI 0,001-0,004
2011	0,393±0,025 Me = 0,365 (25-75) % IC 0,335-0,43	0,033±0,010 Me = 0,02 (25-75) % CI 0,02-0,025	1,002±0,076 Me = 0,955 (25-75) % CI 0,8-1,14	0,060±0,009 Me = 0,055 (25-75) % CI 0,04-0,065	0,0027±0,0006 Me = 0,002 (25-75) % CI 0,001-0,004
2012	0,373±0,025 Me = 0,38 (25-75) %DI 0,31-0,425	0,030±0,006 Me = 0,02 (25-75) % CI 0,02-0,03	1,09±0,13 Me = 0,94 (25-75) % CI 0,735-1,365	0,083±0,021 Me = 0,055 (25-75) % CI 0,04-0,11	0,0031±0,0006 Me = 0,0025 (25-75) % CI 0,001-0,005
Medie annuali per il periodo di 5 anni					
2008 - 2012	0,262±0,013 Me = 0,26 (25-75) %DI 0,18-0,32	0,043±0,008 Me = 0,02 (25-75) % CI 0,02 - 0,033	1,223±0,071 Me = 1,1 (25-75) % IC 0,81 - 1,55	0,045±0,005 Me = 0,03 (25-75) % CI 0,02 - 0,05	0,014±0,006 Me = 0,008 (25-75) % CI 0,005 - 0,0225

Note. M - valori medi, m - errori della media, Me - mediana **(Me), CI - intervallo di confidenza 25-75%.**

[33]È stata riscontrata una tendenza all'aumento del contenuto medio di ferro nell'acqua del bacino nel periodo 2008-2012, con un superamento del MAC (0,3 mg/dm) di 1,14 volte nel 2010 (0,342±0,003 mg/dm). [3]Si è verificato anche un cambiamento nella classe dell'acqua della sorgente superficiale: classe 1 nel 2008-2010 e classe 2 in 20112012 , con un contenuto di ferro che varia da 0,060±0,009 a 0,083±0,021 mg/dm . [33]Il cadmio nell'acqua è stato rilevato al di sotto del MAC

(<0,001 mg/dm) in tutti gli anni di osservazione, con la fonte di approvvigionamento idrico corrispondente alla classe 3 (0,6-5,0 µg/dm).

[333]Nell'acqua del serbatoio di Karachunovskoye, nel periodo 2008-2012, si è registrata una diminuzione di 1,8 volte del contenuto di rame: da 0,0056±0,001 a 0,0031±0,0006 mg/dm , ma i composti di questo elemento chimico non hanno superato il valore MAC (1,0 mg/dm) e la qualità dell'acqua corrispondeva alla classe 2 (1-25 µg/dm). [33]Il fluoruro nell'acqua del serbatoio non ha superato il valore MAC (0,7 mg/dm) e la qualità dell'acqua corrispondeva alla classe 1 (<700 µg/dm). [3]Durante il periodo di osservazione di 5 anni, si è registrata una diminuzione di 1,18 volte dei composti di fluoro: da 0,313±0,021 a 0,266±0,164 mg/dm , con il valore più alto nel 2009. [3]- 0,332±0,021 mg/dm . [33]Il contenuto di cromo non ha superato il MAC (0,5 mg/dm) ed è stato costantemente <0,001 mg/dm . [3]Secondo la media annuale dei composti del cromo (0,030±0,006 mg/dm), l'acqua appartiene alla classe 1. [3]Una tendenza simile è stata osservata per i fenoli volatili, che erano inferiori al MAC (<0,001 mg/dm) in 20082012 (classe di qualità 1).

[3]Per quanto riguarda il contenuto di composti di silicio, si è registrata una marcata tendenza alla diminuzione dal 2008 al 2012, passando da 6,175±1,414 a 5,725±1,519 mg/dm. In alcuni anni si è registrato un eccesso di questa sostanza chimica rispetto agli standard igienici: nel 2009 (1,14 MPC), nel 2010 (1,27 MPC), nel 2011 (1,05 MPC), con il valore più alto di acido silicico nel 2010. [3]- 12,683±0,751 mg/dm. [3]Il contenuto di polifosfati nell'acqua era ben al di sotto del MAC (3,5 mg/dm), con una tendenza alla diminuzione nel periodo 2008-2012. Tuttavia, il livello più alto di polifosfati è stato rilevato nel 2008. [33]- 0,53±0,05 mg/dm , con una graduale diminuzione di questi composti dall'inizio del 2011 - 0,14±0,03 mg/dm .

[33]Gli SPAV dal 2008 al 2009 erano al livello di (<0,001 mg/dm), l'acqua apparteneva alla classe 1 (<10 µg/dm). [3]Nei successivi anni di osservazione, l'acqua apparteneva alla classe di qualità 2, poiché il contenuto di SPAV è diminuito di 1,47 volte: da 0,047±0,012 nel 2011 a 0,032±0,009 mg/dm nel 2012. [3]I prodotti petroliferi non hanno mai superato il valore MAC (0,3 mg/dm). [3]Durante il periodo di osservazione di 5 anni è stata evidenziata la dinamica di diminuzione del contenuto di questi composti in 1,2 volte nell'acqua del serbatoio: da 0,113±0,009 a 0,094±0,007 mg/dm , con il valore più alto nel 2012. [3]Pertanto, l'acqua del serbatoio di Karachunovskoye in termini di contenuto di prodotti petroliferi appartiene alla classe di qualità 3 (51-200 µg/dm).

Nell'acqua del bacino di Karachunovskoye per un lungo periodo di osservazione (dal 1965 al 2012) è stata osservata una tendenza sfavorevole all'aumento della composizione salina, della durezza totale, del residuo secco, dei solfati e dei cloruri.) è stata osservata una tendenza sfavorevole all'aumento della composizione salina, della durezza totale, del contenuto di residuo secco, dei solfati e dei cloruri, causata dallo scarico sistematico di acque di miniera altamente mineralizzate dalle imprese minerarie della città di Krivoy Rog nei fiumi Ingulets e Saksagan e dal conseguente inquinamento del bacino idrico di Karachunovskoye, la principale fonte di approvvigionamento domestico e potabile centralizzato per il 94% della popolazione urbana. In generale, in termini di composizione salina, l'acqua del bacino di Karachunovskoye in alcuni anni di osservazione apparteneva alla quarta classe di qualità dei corpi idrici superficiali come "mediocre, utilizzabile in modo limitato, qualità indesiderabile".

Una caratteristica della zona di urbanizzazione di Krivoy Rog è la presenza di metalli pesanti prioritari (Mo, Mg, Cd, Ni, Zn, Fe, Cu, Pb, Cr) nelle fonti idriche, causata dall'estrazione intensiva di minerali di ferro. [33]Ad esempio, il contenuto medio di ferro nel 2010 era di 0,342±0,003 mg/dm, superando il MAC (0,3 mg/dm) di 1,14 volte. Il contenuto medio di manganese ha superato lo standard igienico nel 2008-2010 (MPC 1,42, 1,3 e 1,54, rispettivamente), il che è dovuto all'elevato contenuto di fondo di questo elemento chimico negli oggetti ambientali della città industriale e allo scarico annuale di acqua di miniera altamente mineralizzata nelle fonti idriche locali.

SEZIONE 3: MORBILITÀ DEI RESIDENTI RURALI IN ALCUNI TAXA DELL'OBLAST DI DNEPROPETROVSK (PER LIVELLI DI INDICATORI MEDI ANNUALI)

Caratteristiche del tasso di morbilità tra la popolazione adulta in taxa separati della regione di Dnipropetrovsk per gli anni (2008 - 2013)

Il peso specifico più elevato di malattie infettive e parassitarie è stato riscontrato tra la popolazione adulta dei taxa 1 (2,70%) e 6 (2,60%). Come illustrato nella (Fig. 7), il tasso di incidenza più basso di malattie di classe I è stato osservato in modo affidabile tra la popolazione adulta del taxon 4: (72,98±6,05) ‰ ($p < 0,001$), con tassi di crescita negativi caratteristici sia per distretto (-39,1%) che per regione (-75,0%).

Figura 7: Incidenza di malattie infettive e parassitarie nella popolazione adulta, secondo il livello degli indicatori medi annuali, nei singoli taxa della regione di Dnipropetrovsk nel periodo 2008-2013 (casi per 10.000 abitanti).

Tra la popolazione rurale del taxon 2 è stata riscontrata un'elevata intensità di malattie di classe I: (157,51±22,47) ‰ ($p < 0,001$), con un eccesso del tasso di morbilità medio regionale di 1,31 volte. Il tasso di crescita delle malattie infettive e parassitarie nel 2° taxon per distretto è stato del +31,4 %, per regione del -46,1 %. Una tendenza simile è stata riscontrata anche nell'incidenza dell'anemia tra i residenti adulti dei singoli taxon nell'Oblast di Dnipropetrovsk (Fig. 8).

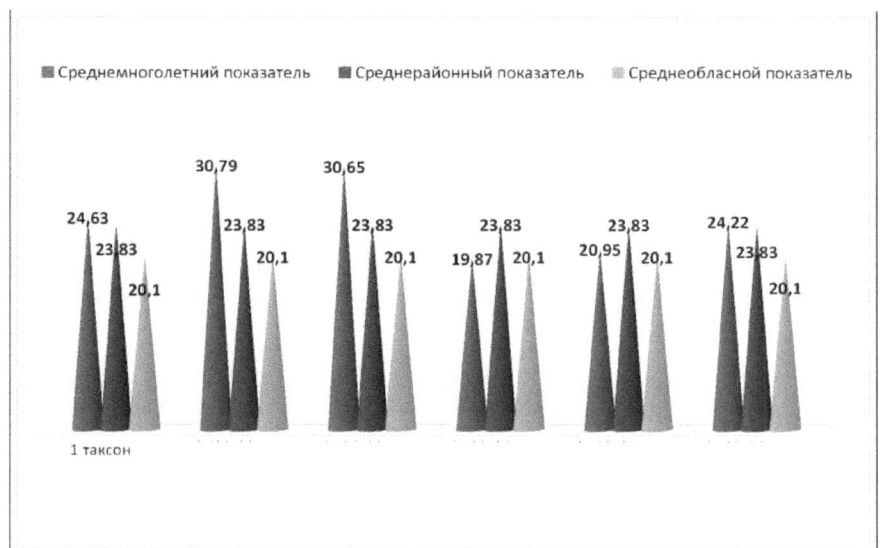

Figura 8. Incidenza dell'anemia nella popolazione adulta, secondo i livelli delle medie a lungo termine, nei singoli taxa della regione di Dnipropetrovsk nel periodo 2008-2013 (casi per 10.000 abitanti).

₀₀L'intensità più elevata di anemia è stata osservata tra i residenti rurali del taxon 2: (30,79±5,62) %, con un numero di casi di incidenza di malattie di classe III (D50-D53) 1,29 volte superiore alla media distrettuale e 1,53 volte superiore al livello del tasso di incidenza medio regionale. Nel taxon 2 sono stati registrati tassi di crescita positivi di questa classe di malattie sia per distretto (+29,2%) che per regione (+53,2%). La Figura 9 mostra i tassi di crescita della morbilità da anemia tra i residenti rurali dei singoli taxa nella regione di Dnipropetrovsk.

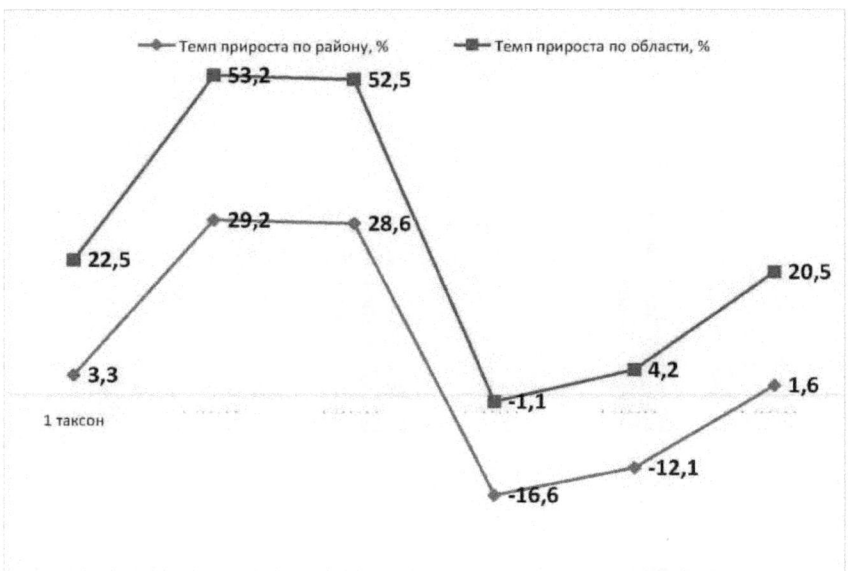

Figura 9: Tassi di crescita dell'anemia tra gli adulti in taxa selezionati della regione di Dnipropetrovsk nel periodo 2008-2013.

Quindi, secondo il tasso di aumento della classe III delle malattie (D50-D53), il numero di casi di anemia è aumentato rapidamente tra i residenti rurali dei taxa da 1 a 3, con una tendenza caratteristica a diminuire l'anemia tra la popolazione adulta dei taxa 4 e 5, e un tasso positivo caratteristico di aumento tra i residenti del taxa 6, in media su entrambi i distretti e la regione.

Nella struttura di tutte le malattie, il peso specifico della colelitiasi varia dallo 0,12% nel taxon 1 allo 0,16% nel taxon 6. I tassi di crescita più elevati dell'XI classe di malattie sono stati osservati nel taxon 3 sia per distretto (+24,7%) che per oblast' (+0,8%). Il tasso di incidenza più basso di colelitiasi è stato riscontrato in modo affidabile tra i residenti adulti del taxon 1: (6,08±0,55) ‰ (p < 0,001), con tassi di crescita negativi che vanno da -21,2 a -36,3 % per distretti e per regione, rispettivamente (Fig. 10).

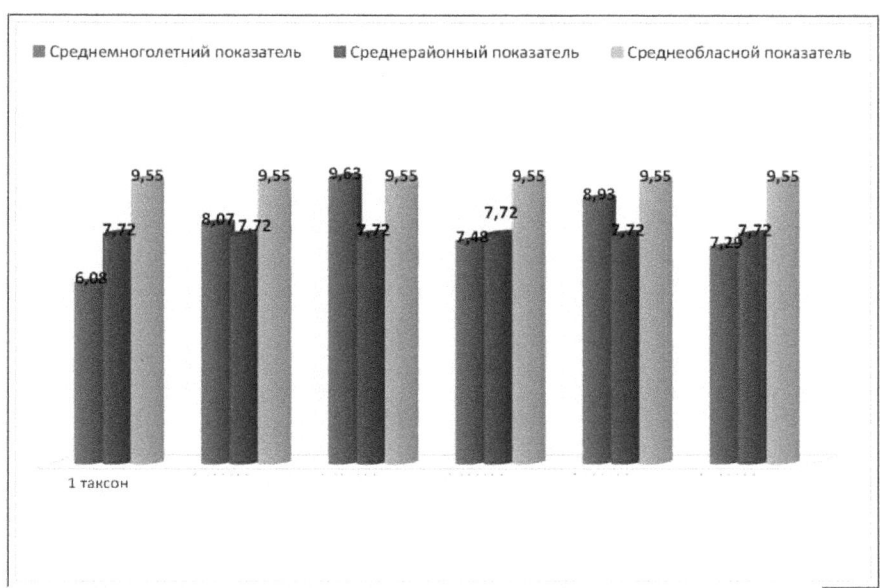

Figura 10. Incidenza della popolazione adulta affetta da colelitiasi, secondo i livelli delle medie a lungo termine, nei diversi taxa della regione di Dnipropetrovsk nel periodo 2008-2013 (casi per 10.000 abitanti).

L'intensità dei tassi di morbilità dell'XI classe di malattie ha superato il livello dei tassi medi annui tra i residenti rurali di 2, 3, 5 taxa, rispettivamente, di 1,04; 1,25 e 1,16 volte. Solo tra i residenti del taxon 3 il livello di morbilità di questa classe di malattie era significativamente più alto (9,63±0,54) ‰ (p<0,05) rispetto all'indicatore medio regionale (9,55±0,30) ‰ di 1,0 volte.

Il tasso di incidenza dell'artropatia salina tra la popolazione adulta è risultato più elevato nei taxa 2, 3 e 4: (1,50-1,61) volte; (2,95-3,17) volte; (1,10-1,18) volte rispetto alle medie di distretto e oblast' (Fig. 11). Il tasso di crescita positivo più alto per le malattie della XIV classe (N25-N29) tra tutti i tipi di taxa è stato osservato tra i residenti rurali nel taxon 3: +194,9% (per distretto), +216,8% (per regione).

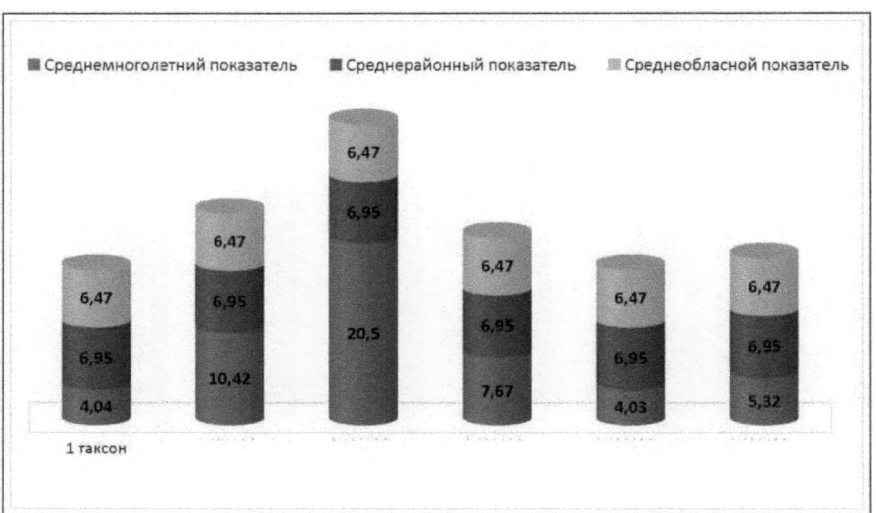

Figura 11. Incidenza dell'artropatia salina nella popolazione adulta, secondo i livelli delle medie a lungo termine, nei diversi taxa della regione di Dnepropetrovsk nel periodo 2008-2013 (casi per 10.000 abitanti).

₀₀Una tendenza completamente diversa si osserva nel tasso di morbilità della popolazione adulta per calcoli renali e dell'uretere, con il livello più basso di intensità della XIV classe di malattie (N17-N19) nei taxon 3 e 4: da (9,58±0,73) a (7,03±0,51) % (p <0,001). Il livello più alto di morbilità di questa classe di malattie è stato determinato tra i residenti rurali del taxon 2: (18,03±3,52)‰, con un superamento degli indicatori medi regionali e dell'oblast' di 1,61-1,11 volte (Fig. 12). Allo stesso tempo, i tassi di crescita positiva dei calcoli renali e dell'uretere sono stati: +61,4% per distretto e +10,9 per regione. Il peso specifico della XIV classe di malattie (N17- N19) nei diversi taxa della regione era: 0,23% (nei taxa 1 e 5); 0,31% (nel taxa 2); 0,16% (nei taxa 3 e 4); 0,26% (nel taxa 6).

Tassi negativi di aumento dell'incidenza di calcoli renali e ureterali sono stati osservati nei taxa 3 e 4, sia per distretto che per regione: nell'intervallo da -14,2 a -41,0% nel taxa 3; da -37,1 a -56,7% nel taxa 4.

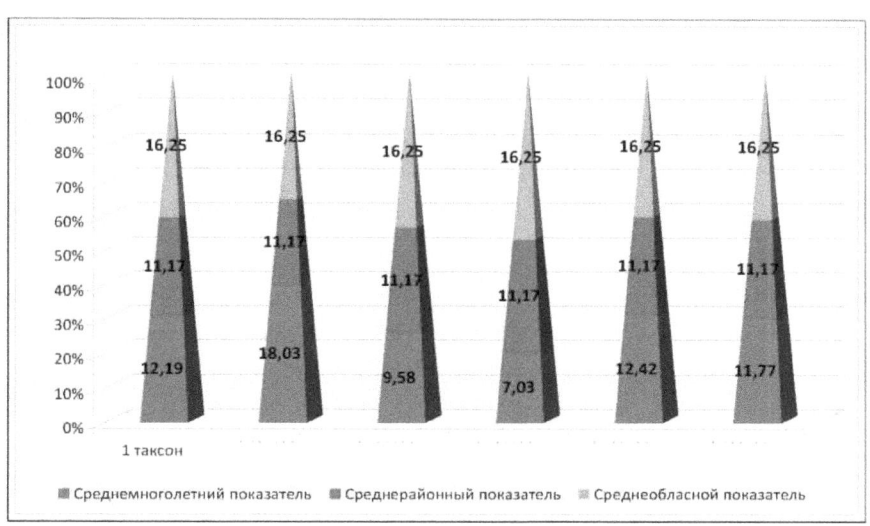

Figura 12. Incidenza della popolazione adulta con calcoli renali e ureterali, in base ai livelli degli indicatori medi annui, in taxa separati della regione di Dnipropetrovsk nel periodo 2008-2013 (casi per 10.000 abitanti).

Per quanto riguarda le malattie della pelle e del tessuto sottocutaneo, è stata rilevata una tendenza alla crescita negativa in tutti i taxa secondo i livelli degli indicatori medi degli oblast, mentre sono stati osservati tassi di crescita positivi nei taxa 2, 3 e 5, in media per distretto: rispettivamente +20,4%; +74,4%; +13,3% (Fig. 13).

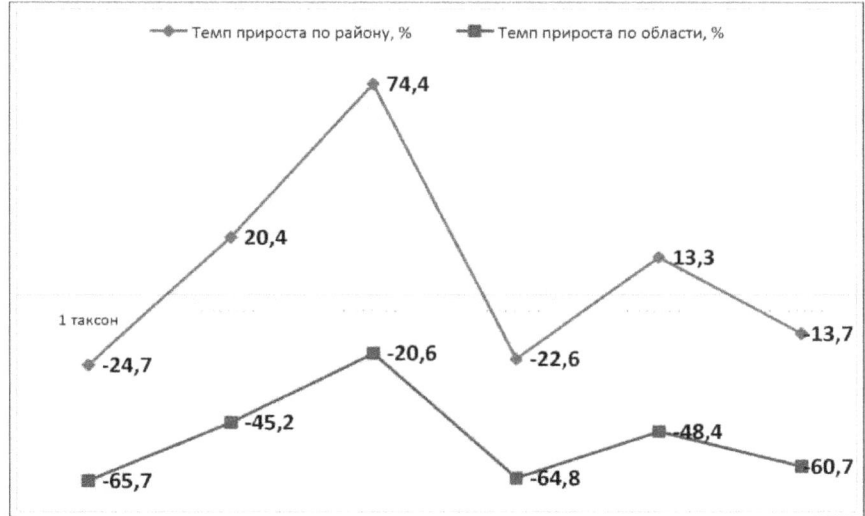

Figura 13: Tassi di crescita delle malattie della pelle e del tessuto sottocutaneo tra gli adulti per

taxa nella regione di Dnipropetrovsk nel periodo 2008-2013.

₀₀ Il livello più alto di morbilità delle malattie della XII classe è stato rivelato in modo affidabile tra gli abitanti rurali del taxon 3: (359,50±23,55) % (p<0,05), con un superamento dell'indice medio regionale di 1,74 volte. Allo stesso tempo, i tassi di crescita del 3° taxon sono stati: +74,4% (per distretto) e -20,6% (per regione). Nella struttura di tutte le malattie, il peso specifico più alto in questa classe di malattie è caratteristico del taxon 3 (5,90 %), il più basso - del taxon 1 (3,00 %). ₀₀₀₀ Una tendenza simile è stata riscontrata anche negli indici intensivi: il maggior numero di casi di malattie della XII classe è stato osservato in modo affidabile tra gli abitanti adulti di 3 taxon: (359,50±23,55) % (p<0,05), il più basso - in 1 taxon: (155,30±26,71) % (p<0,001).

La figura 14 mostra le perdite mediche, demografiche ed economiche associate all'impatto negativo dei fattori ambientali. Il peso specifico del fattore acqua raggiunge il 7% nella formazione delle perdite economiche: più di 450 miliardi di grivne all'anno per la morbilità degli adulti; il 18% provoca l'impatto negativo del fattore acqua sulla morbilità di più di 6 milioni di casi di malattie di diverse classi (circolatorie, respiratorie, digestive, del sangue e del sistema immunitario, malattie infettive, ecc. [47 - 49].

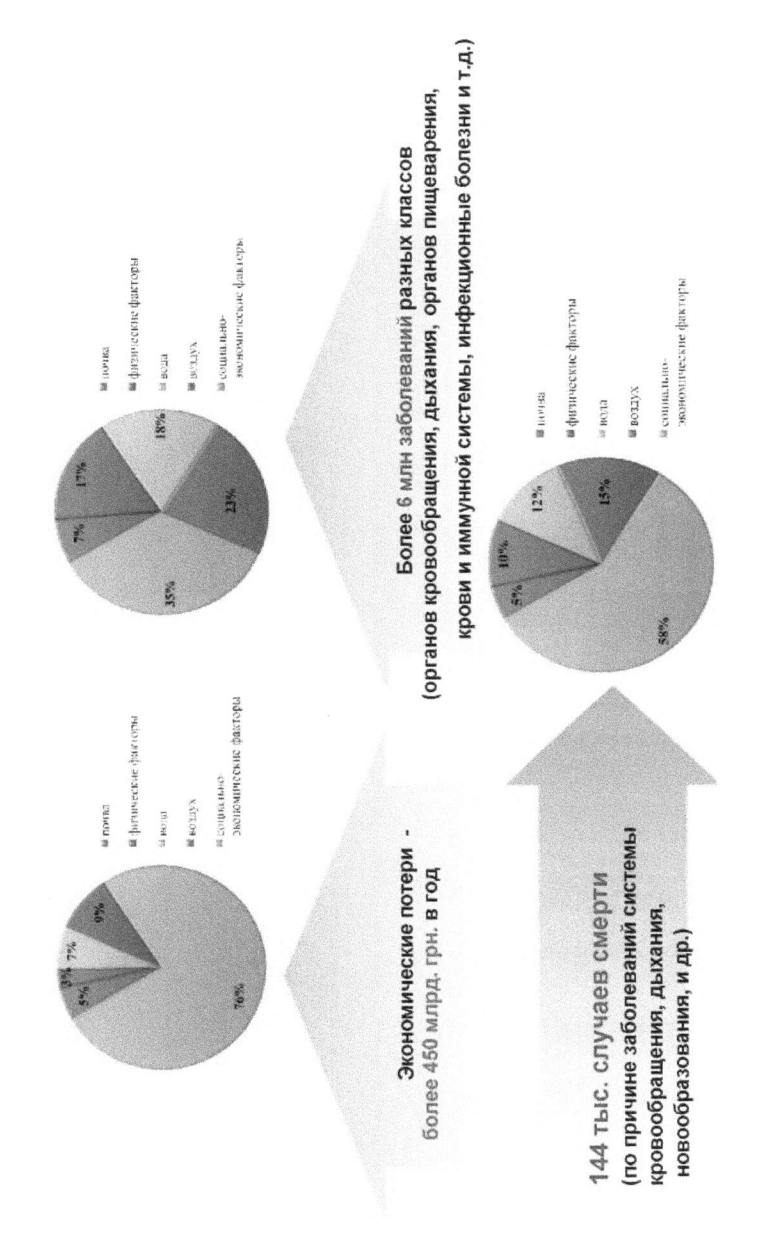

Figura 14: Perdite medico-demografiche ed economiche associate all'impatto negativo dei fattori ambientali.

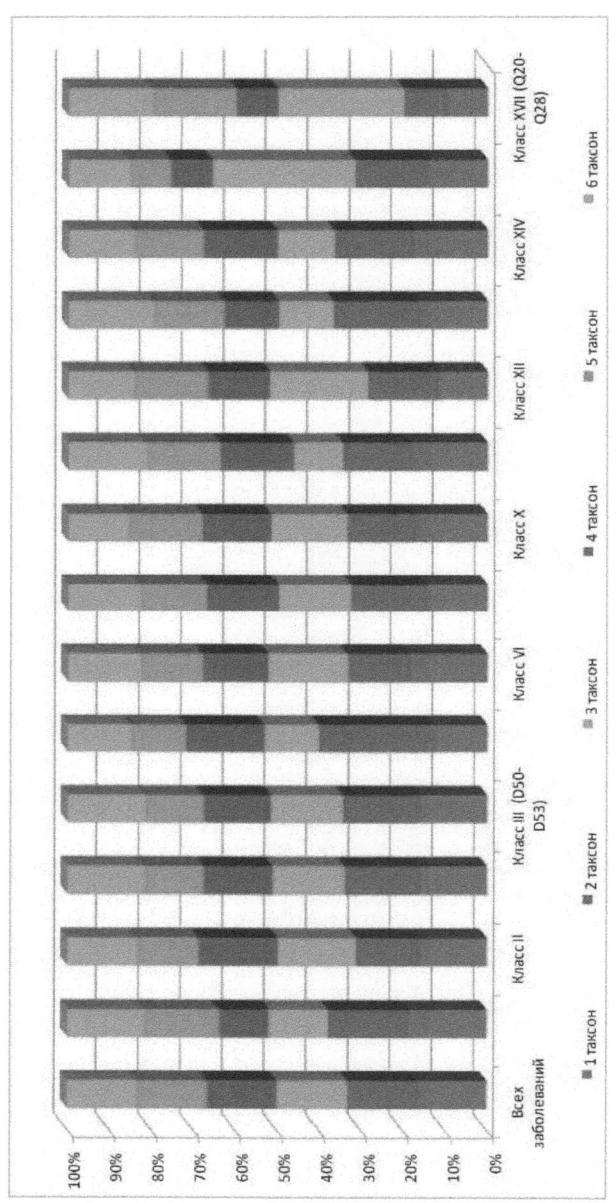

Figura 15. Struttura della morbilità degli adulti per taxa della regione di Dnepropetrovsk, nel periodo 2008-2013 (I, II, III, IV, VI, IX, IX, X, XI, XII, XIII, XIV, XVII) classi di ICD - X.

SEZIONE 4: CARATTERISTICHE COMPARATIVE DEGLI INDICATORI DI QUALITÀ DELL'ACQUA PRETRATTATA DI DIVERSI PRODUTTORI PRODOTTA NELLA ZONA DI URBANIZZAZIONE DI KRIVOY ROG E DELL'ACQUA POTABILE DEL RUBINETTO IN 1 DISTRETTO RURALE (DISTRETTO DI KRIVOY ROG)

Dopo aver analizzato la qualità dell'acqua potabile di rubinetto consumata dalla popolazione rurale del distretto di Krivoy Rog (1 taxon) e dell'acqua pretrattata da diversi produttori (Mizrakhin Ltd. e Anisimov Ltd.), prodotto nella zona di urbanizzazione di Krivoy Rog, ha determinato l'efficienza del pretrattamento in termini di durezza totale, residuo secco, cloruro, solfato, ferro, pH, Cu, Zn, Mn, F, Al, azoto ammoniacale, nitrito e nitrato nel periodo 2012-2014. I risultati del nostro studio indicano che il pretrattamento dell'acqua potabile ha ridotto la durezza totale durante l'intero periodo di osservazione (Tabella 5).

[3]*Tabella 5* **Caratteristiche comparative degli indicatori di qualità dell'acqua potabile di rubinetto in 1 distretto rurale (distretto di Krivoy Rog) e dell'acqua potabile pretrattata da diversi produttori in termini di durezza totale, (mmol/dm)**

Anni	Acqua potabile pretrattata Mizrahin LLC	Acqua potabile pretrattata OOO Anisimov	Acqua potabile in 1 taxon	Efficienza del pretrattamento dell'acqua potabile da parte di Mizrakhin LLC	Efficienza del trattamento aggiuntivo dell'acqua potabile presso Anisimov LLC
2012	2,31±0,11	3,17±0,31	1001,88±72,28	433,5	315,7
2013	2,23±0,02	2,38±0,27	5,72±0,70	2,56	2,40
2014	3,84±0,13	2,79±0,46	5,34±0,85	1,39	1,91
p			p = 0,1991		

[12]Nota. p - livello di significatività dell'efficienza del pretrattamento dell'acqua potabile di rubinetto da parte di diverse aziende - produttori secondo il criterio di Pearson χ - Pearson.

Pertanto, l'efficienza del pretrattamento dell'acqua per questo indicatore variava da (433,5 a 315,7) MAC nel 2012; da (2,56 a 2,40) MAC nel 2013 e da (1,39 a 1,91) MAC nel 2014, a seconda dell'azienda produttrice (p = 0,199). Come illustrato nella Tabella 6, il pretrattamento dell'acqua ha avuto un effetto significativo sulla qualità dell'acqua potabile, in quanto il contenuto di residui secchi è diminuito da 1,0 a 4,49 volte nel periodo 2012-2014 (acqua pretrattata da Mizrahin LLC) e da 1,19 a 3,89 volte (acqua pretrattata da Anisimov LLC). [3]Così, nell'acqua pretrattata dal primo produttore il contenuto di residuo secco è diminuito in dinamica di 1,2 volte per lo stesso periodo di osservazione: da (212,41±2,86) a (168,70±2,01) mg/dm. [3]Nell'acqua pretrattata del secondo produttore, questo indicatore è aumentato di 1,08 volte: da (180,12±11,99) a (194,70±10,07) mg/dm

³Tabella 6 **Caratteristiche comparative degli indicatori di qualità dell'acqua potabile di rubinetto in 1 distretto rurale (distretto di Krivoy Rog) e dell'acqua potabile pretrattata da diverse aziende - produttori sul residuo secco, (mg/dm)**

Anni	Acqua potabile pretrattata Mizrahin LLC	Acqua potabile pretrattata OOO Anisimov	Acqua potabile in 1 taxon	Efficienza del pretrattamento dell'acqua potabile da parte di Mizrahin LLC	Efficienza del trattamento aggiuntivo dell'acqua potabile di Anisimov LLC
2012	212,41±2,86	180,12±11,99	213,94±36,06	1,0	1,19
2013	214,50±2,23	210,70±3,27	619,71±99,95	2,89	2,94
2014	168,70±2,01	194,70±10,07	757,33±8,74	4,49	3,89
p			$p = 0{,}1991$		

[12]Nota. p - livello di significatività dell'efficienza del pretrattamento dell'acqua potabile di rubinetto da parte di diverse aziende - produttori secondo il criterio di Pearson χ - Pearson.

Come si può notare (tab. 7), l'efficienza del pretrattamento dell'acqua potabile dell'azienda produttrice "Mizrahin" LLC è risultata significativamente (p < 0,05) più elevata per il contenuto di cloruri: (26,4 MPC) nel 2012, (10,5 MPC) nel 2013, (2,85 MPC) nel 2014, rispetto all'acqua pretrattata dal produttore "Anisimov" LLC: (9,74 MPC) nel 2012, (5,53 MPC) nel 2013, (6,21 MPC) nel 2014.

Tabella 7
³**Caratteristiche comparative degli indicatori di qualità dell'acqua potabile di rubinetto in 1 distretto rurale (distretto di Krivoy Rog) e dell'acqua potabile pretrattata da diversi produttori in base al contenuto di cloruro, (mg/dm)**

Anni	Acqua potabile pretrattata Mizrahin LLC	Acqua potabile pretrattata OOO Anisimov	Acqua potabile in 1 taxon	Efficienza del pretrattamento dell'acqua potabile da parte di Mizrahin LLC	Efficienza del trattamento aggiuntivo dell'acqua potabile da parte di Anisimov LLC
2012	8,87±0,26	25,00±5,96	243,45±49,18	26,4	9,74
2013	8,49±0,18	16,20±3,30	89,59±16,25	10,5	5,53
2014	40,80±0,03	18,70±0,25	116,20±24,26	2,85	6,21
p			$p = 0{,}1991; p < 0{,}05^2$		

Nota. [22][1p] - livello di significatività dell'efficienza del pretrattamento **dell'acqua potabile di rubinetto di diverse aziende produttrici secondo il criterio del χ - Pearson; - secondo l'analisi della varianza ANOVA a un fattore (p < 0,05).**

Per quanto riguarda il contenuto di solfato, l'efficienza del pretrattamento è variata tra (3,04 - 2,03) MAC e tra (1,24 e 2,81) MAC per il periodo 2012-2014, con la massima riduzione di questo indicatore nel 2013 (Tabella 8). ³Pertanto, il contenuto di solfato è diminuito di un fattore pari a (9,9-10,5) dopo il pretrattamento dell'acqua da parte di entrambe le aziende produttrici, dato che il contenuto più elevato di questo indicatore è stato riscontrato nell'acqua potabile di 1 villaggio nel

2013: (223,76±41,64) mg/dm . Allo stesso tempo, il contenuto di solfati ha oscillato nell'acqua potabile dopo il trattamento aggiuntivo effettuato da diversi produttori, senza mai superare il MAC. [33]Nel 2012, i solfati sono stati registrati nell'acqua pretrattata di Mizrahin Ltd. a una concentrazione di (21,92±1,32) mg/dm, mentre nel 2014 a (51,48±0,26) mg/dm. [3]Una tendenza simile è stata riscontrata nell'acqua pretrattata di "Anisimov" LLC, con il valore più alto di questo indicatore nel 2012: 53,68±12,54 mg/dm .

Tabella 8

[3]**Caratteristiche comparative degli indicatori di qualità dell'acqua potabile di rubinetto in 1 distretto rurale (distretto di Krivoy Rog) e dell'acqua potabile pretrattata da diversi produttori in termini di** contenuto di solfati (mg/dm)

Anni	Acqua potabile pretrattata Mizrahin LLC	Acqua potabile pretrattata OOO Anisimov	Acqua potabile in 1 taxon	Efficienza del pretrattamento dell'acqua potabile da parte di Mizrahin LLC	Efficienza del trattamento aggiuntivo dell'acqua potabile della LLC Anisimov
2012	21,92±1,32	53,68±12,54	66,65±2,22	3,04	1,24
2013	22,48±0,33	21,38±1,23	223,76±41,64	9,95	10,46
2014	51,48±0,26	37,18±1,37	104,37±3,50	2,03	2,81
p	p = 0,1991				

Nota. 1p - livello di significatività dell'efficienza del post-trattamento
[2]acqua potabile di rubinetto di diversi produttori con il criterio del χ di Pearson.

Nell'acqua di rubinetto di 1 taxon, il contenuto di solfati è stato il più alto per tutti gli anni di osservazione, rispetto alla qualità dell'acqua potabile pretrattata. Nell'acqua pretrattata di 1 produttore (LLC "Mizrahin") nel 2012, il contenuto di solfati era 3,04 volte inferiore a quello dell'acqua di rubinetto; nel 2013, era 10 volte inferiore; nel 2014, era 2,02 volte inferiore a quello dell'acqua di rubinetto di 1 taxon (p = 0,199). Nell'acqua pretrattata di 2 produttori (LLC "Anisimov"), il contenuto di solfati era 1,2 volte inferiore rispetto all'acqua di rubinetto; nel 2013 - 10,5 volte inferiore; nel 2014 - 3,0 volte inferiore. Il più efficace è stato il trattamento aggiuntivo dell'acqua potabile di rubinetto di 1 taxon in termini di contenuto di ferro nel 2012 (Tabella 9).

Tabella 9

[3]**Caratteristiche comparative degli indicatori di qualità dell'acqua potabile di rubinetto in 1 distretto rurale (distretto di Krivoy Rog) e dell'acqua potabile pretrattata da diversi produttori in base al contenuto di ferro, (mg/dm)**

Anni	Acqua potabile pretrattata Mizrahin LLC	Acqua potabile pretrattata OOO Anisimov	Acqua potabile in 1 taxon	Efficienza del pretrattamento dell'acqua potabile da parte di Mizrahin LLC	Efficienza del trattamento aggiuntivo dell'acqua potabile della LLC Anisimov
2012	<0,2	<0,2	0,027±0,011	7,4	7,4
2013	<0,1	<0,2	<0,05	2	4
2014	<0,1	<0,1	0,06±0,01	1,6	1,6
p			$p = 1{,}0001$		

Nota. $^2{}_{1p}$ - livello di significatività dell'efficienza del pretrattamento **dell'acqua potabile di rubinetto da parte di diverse aziende - produttori secondo il criterio di Pearson χ - Pearson.**

L'efficienza del pretrattamento dell'acqua potabile secondo questo indicatore è aumentata di 7,4 volte nel 2012, di 2,0 volte nel 2013 e di 1,6 volte nel 2014. [33]Allo stesso tempo, il contenuto di ferro più elevato nell'acqua di rubinetto è stato di 0,06±0,01 mg/dm nel 2014, mentre nell'acqua pretrattata è stato significativamente inferiore a 0,1 mg/dm.

Nel 2012, il valore del pH era (1,08-1,02) volte inferiore nei campioni di acqua pretrattata di entrambi i produttori rispetto all'acqua potabile di rubinetto: 7,70±0,06, mentre l'efficienza del pretrattamento è aumentata di (1,09-1,02) volte. Nel periodo 2013-2014, nell'acqua pretrattata dal produttore "Mizrahin" LLC il valore del pH ha oscillato tra (1,07 - 1,05); mentre nell'acqua pretrattata dal secondo produttore - "Anisimov" LLC il pH è diminuito di (1,05 - 1,04) volte. Come si può vedere nella Tabella 10, il valore più alto del pH nell'acqua di rubinetto è stato registrato nel 2012 ed era pari a 7,70±0,06, mentre il valore più basso è stato registrato nel 2014: 7,24±0,05 (p = 0,223).

Tabella 10

Caratteristiche comparative degli indicatori di qualità dell'acqua potabile di rubinetto in 1 distretto rurale (distretto di Krivoy Rog) e dell'acqua potabile pretrattata da diversi produttori in base al valore del pH

Anni	Acqua potabile pretrattata Mizrakhin LLC	Acqua potabile pretrattata OOO Anisimov	Acqua potabile in 1 taxon	Efficienza del pretrattamento dell'acqua potabile da parte di Mizrahin LLC	Efficienza del trattamento aggiuntivo dell'acqua potabile di Anisimov LLC
2012	7,09±0,02	7,52±0,14	7,70±0,06	1,09	1,02
2013	7,12±0,16	7,05±0,17	7,66±0,04	1,07	1,09
2014	7,59±0,07	7,52±0,12	7,24±0,05	1,05	1,04
p			$p = 0{,}2231$		

Nota. ^{2}lp - livello di significatività dell'efficienza del pretrattamento **dell'acqua potabile di rubinetto da parte di diverse aziende - produttori secondo il criterio di Pearson χ - Pearson.**

I risultati del nostro studio indicano un miglioramento della qualità dell'acqua potabile pretrattata in termini di contenuto di TM (Cu, Zn, Mn), come presentato nelle (Tabelle 11 - 13). Così, dopo il pretrattamento dell'acqua potabile da parte del produttore "Mizrahin" Ltd. nel periodo 2012-2014, il contenuto di rame è diminuito da (3,65 a 4,4) volte, lo zinco è diminuito da (15,3 a 1,5) volte, il manganese ha oscillato tra (12,5 e 13) volte. Anche l'efficacia del pretrattamento dell'acqua del secondo produttore - LLC "Anisimov" sul contenuto di questi TM è aumentata: Cu - in (1,38 - 1,68) volte, Zn - in (7,14 - 2,2) volte, Mn - in (1,85 - 2,08) volte.

Tabella 11

[3]**Caratteristiche comparative degli indicatori di qualità dell'acqua potabile di rubinetto in 1 distretto rurale (distretto di Krivoy Rog) e dell'acqua potabile pretrattata da diversi produttori in base al contenuto di rame, (mg/dm)**

Anni	Acqua potabile pretrattata Mizrahin LLC	Acqua potabile pretrattata OOO Anisimov	Acqua potabile in 1 taxon	Efficienza del pretrattamento dell'acqua potabile da parte di Mizrahin LLC	Efficienza del trattamento aggiuntivo dell'acqua potabile di Anisimov LLC
2012	0,11±0,03	0,040±0,012	0,029±0,016	3,65	1,38
2013	0,0994±0,0006	0,085±0,009	0,016±0,008	6,19	5,31
2014	0,0053±0,0046	0,037±0,001	0,022±0,002	4,4	1,68
p	$p = 0{,}_{1991}$				

Nota. lp - livello di significatività dell'efficienza del post-trattamento
[2]acqua potabile di rubinetto di diversi produttori con il criterio del χ di Pearson.

Tabella 12

[3]**Caratteristiche comparative degli indicatori di qualità dell'acqua potabile di rubinetto in 1 distretto rurale (distretto di Krivoy Rog) e dell'acqua potabile pretrattata da diversi produttori in base al contenuto di zinco, (mg/dm)**

Anni	Acqua potabile pretrattata Mizrahin LLC	Acqua potabile pretrattata OOO Anisimov	Acqua potabile in 1 taxon	Efficienza del pretrattamento dell'acqua potabile da parte di Mizrahin LLC	Efficienza del trattamento aggiuntivo dell'acqua potabile di Anisimov LLC
2012	0,15±0,01	0,0014±0,0088	<0,01	15,3	7,14
2013	0,0278±0,0069	0,046±0,012	0,024±0,003	1,16	1,92
2014	0,015±0,001	0,0045±0,0007	<0,01	1,5	2,2
p	$p = 0{,}_{1991}$				

[1]Nota. p - livello di significatività dell'efficienza del post-trattamento
[2]acqua potabile di rubinetto di diversi produttori con il criterio del χ di Pearson.

Tabella 13

[3]Caratteristiche comparative degli indicatori di qualità dell'acqua potabile di rubinetto in 1 distretto rurale (distretto di Krivoy Rog) e dell'acqua potabile pretrattata da diversi produttori in termini di contenuto di manganese, (mg/dm)

Anni	Acqua potabile pretrattata Mizrahin LLC	Acqua potabile pretrattata OOO Anisimov	Acqua potabile in 1 taxon	Efficienza del pretrattamento dell'acqua potabile da parte di Mizrahin LLC	Efficienza del trattamento aggiuntivo dell'acqua potabile di Anisimov LLC
2012	<0,05	0,027±0,010	<0,05	0	1,85
2013	0,004±0,003	0,054±0,027	<0,05	12,5	1,08
2014	0,0043±0,0005	0,025±0,005	0,052±0,002	13	2,08
p			p = 0,1991		

Nota. 1p - livello di significatività dell'efficienza del post-trattamento
[2]acqua potabile di rubinetto di diversi produttori con il criterio del χ di Pearson.

Di particolare rilievo è il fatto che il contenuto di TM (Cu, Zn, Mn) nell'acqua potabile pretrattata di entrambe le aziende produttrici era significativamente inferiore a quello dell'acqua di rubinetto di 1 taxon (Figg. 16, 17, 18).

Nel 2014, il contenuto di manganese era (12 - 2,08) volte inferiore nell'acqua pretrattata rispetto all'acqua potabile di rubinetto, mentre l'efficienza del pretrattamento aumentava di (13 - 2,08) volte. Una tendenza simile è stata determinata per il contenuto di rame nel 2014. Questo TM nell'acqua pretrattata dall'azienda produttrice LLC "Mizrahin" era 4,1 volte inferiore a quello dell'acqua di rubinetto.

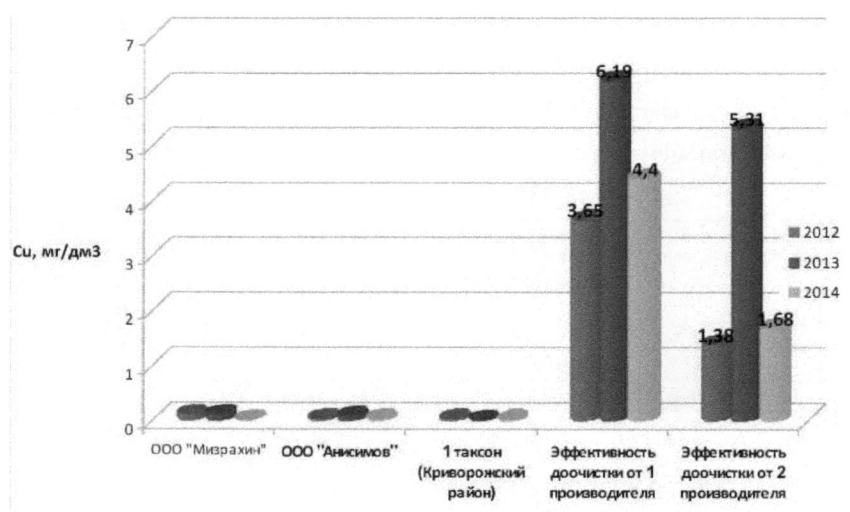

Figura 16. Caratterizzazione comparativa della qualità dell'acqua di rubinetto nel distretto di

Krivoy Rog e dell'acqua potabile pretrattata da diversi produttori in base al contenuto di rame.

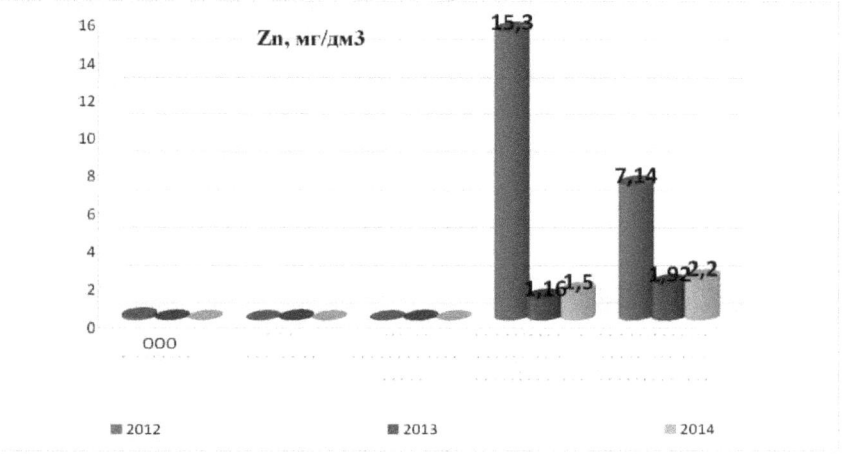

Figura 17. Caratterizzazione comparativa della qualità dell'acqua di rubinetto nel distretto di Krivoy Rog e dell'acqua potabile pretrattata da diversi produttori in termini di contenuto di zinco.

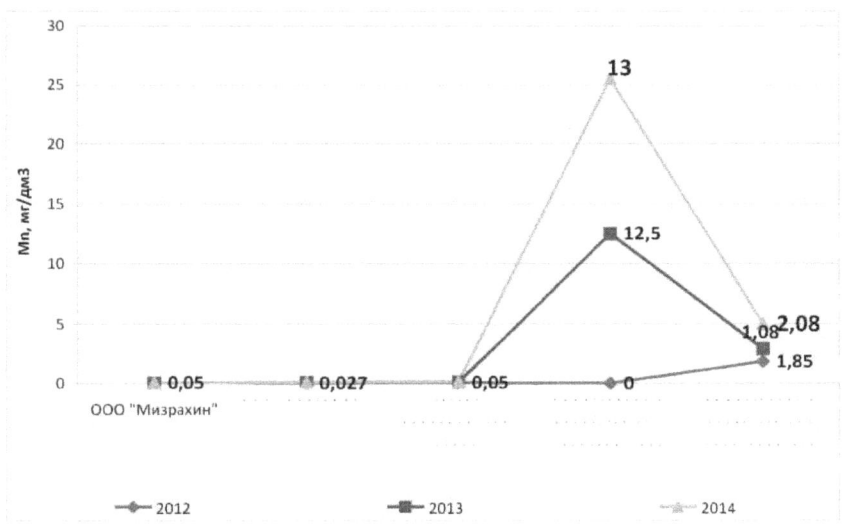

Figura 18. Caratterizzazione comparativa della qualità dell'acqua di rubinetto nel distretto di Krivoy Rog e dell'acqua potabile pretrattata da diversi produttori in termini di contenuto di manganese.

Per quanto riguarda il fluoro, l'efficienza del pretrattamento è aumentata di (1,33 - 8,62) volte nell'acqua potabile di 1 produttore (Mizrakhin LLC), di (1,22 - 8,62) volte nell'acqua di 2 produttori (Anisimov LLC) (Tabella 14).

Tabella 14

³Caratterizzazione comparativa degli indicatori di qualità dell'acqua potabile di rubinetto in 1 taxon rurale e dell'acqua pretrattata da diversi **produttori in termini di contenuto di fluoro (mg/dm)**

Anni	Acqua potabile pretrattata Mizrahin LLC	Acqua potabile pretrattata OOO Anisimov	Acqua potabile in 1 taxon	Efficienza del pretrattamento dell'acqua potabile da parte di Mizrahin LLC	Efficienza del trattamento aggiuntivo dell'acqua potabile della LLC Anisimov
2012	0,13±0,06	<0,08	0,098±0,018	1,33	1,22
2013	<0,08	<0,08	0,20±0,13	2,5	2,5
2014	<0,08	<0,08	0,69±0,01	8,62	8,62
p			$p = 0{,}1991$		

¹Nota. p - livello di significatività dell'efficienza del post-trattamento
²acqua potabile di rubinetto di diversi produttori con il criterio del χ di Pearson.

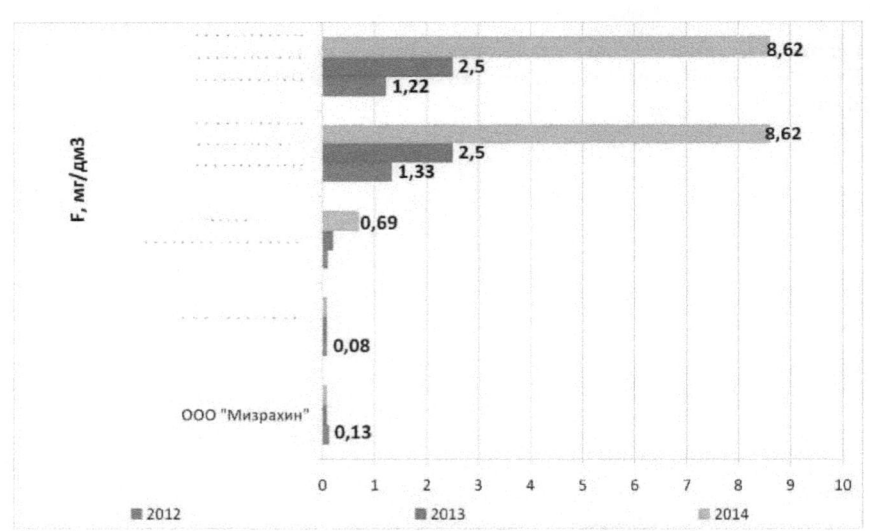

Figura 19. Caratterizzazione comparativa della qualità dell'acqua di rubinetto nel distretto di Krivoy Rog e dell'acqua potabile pretrattata da diversi produttori in termini di contenuto di fluoro.

³³Come illustrato nella (Fig. 19), il contenuto più elevato di fluoro è stato riscontrato nell'acqua potabile di 1 taxon nel 2014: 0,69±0,01 mg/dm , mentre nell'acqua pretrattata da entrambi i produttori in alcuni anni di osservazione questo indicatore era a un livello < 0,08 mg/dm . ³Da notare il basso contenuto di alluminio < 0,04 mg/dm per tutti gli anni di osservazione nelle acque pretrattate da entrambi i produttori (Tabella 15).

Tabella 15
[3]**Caratteristiche comparative degli indicatori di qualità dell'acqua potabile di rubinetto in 1 distretto rurale (distretto di Krivoy Rog) e dell'acqua potabile pretrattata da diversi produttori in base al contenuto di alluminio, (mg/dm)**

Anni	Acqua potabile pretrattata Mizrahin LLC	Acqua potabile pretrattata OOO Anisimov	Acqua potabile in 1 taxon	Efficienza del pretrattamento dell'acqua potabile da parte di Mizrahin LLC	Efficienza del trattamento aggiuntivo dell'acqua potabile da parte di Anisimov LLC
2012	< 0,04	< 0,04	< 0,05	1,25	1,25
2013	< 0,04	< 0,04	0,20±0,09	5,0	5,0
2014	< 0,04	< 0,04	0,13±0,05	3,25	3,25
p	$p = 0{,}1991$				

Nota. $1p$ - livello di significatività dell'efficienza del post-trattamento
[2]acqua potabile di rubinetto di diversi produttori con il criterio del χ di Pearson.

In generale, l'acqua potabile pretrattata e l'acqua del rubinetto non soddisfano i requisiti della norma GOST 7525:2014 [50], in quanto l'alluminio dovrebbe essere assente nell'acqua della fornitura decentrata di acqua potabile (non confezionata e confezionata). Tracce della presenza di questo indicatore sono state rilevate sia nell'acqua pretrattata che in quella di rubinetto. [3]Pertanto, nell'acqua potabile di 1 taxon, in anni distinti di osservazione, l'alluminio è rimasto entro i limiti: da (0,20±0,09) a (0,13±0,05) mg/dm, diminuendo in dinamica di 1,5 volte. Allo stesso tempo, l'efficienza del trattamento aggiuntivo dell'acqua potabile di entrambi i produttori è aumentata di (1,25-3,25) volte. Il contenuto più elevato di alluminio è stato rilevato nell'acqua di rubinetto nel 2013, con un aumento dell'efficienza del pretrattamento di 5,0 volte (Fig. 20).

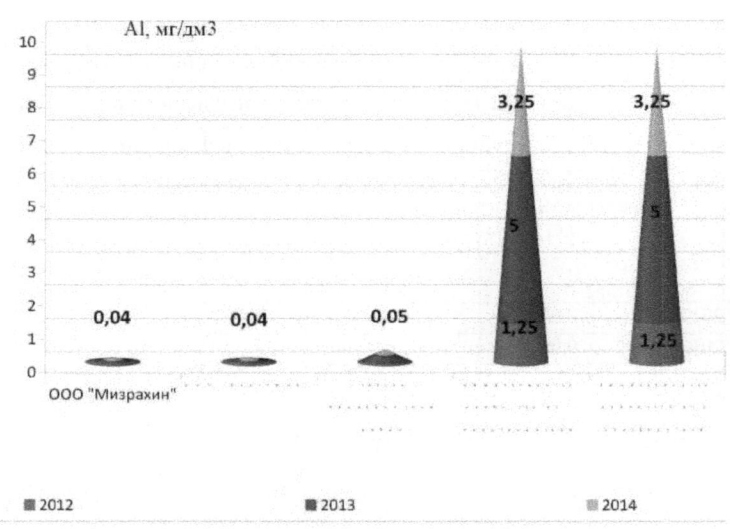

Figura 20. Caratteristiche comparative della qualità dell'acqua di rubinetto nel distretto di Krivoy Rog e dell'acqua potabile pretrattata da diversi produttori in termini di contenuto di alluminio.

Alcuni indici dell'attività di nitrificazione non hanno risposto a requisiti del documento normativo GOST 7525:2014 [50] (Tabelle 16-18).

Tabella 16

[3]Caratteristiche comparative degli indicatori di qualità dell'acqua potabile di rubinetto in 1 distretto rurale (distretto di Krivoy Rog) e dell'acqua potabile pretrattata da diversi produttori sul <u>contenuto di azoto ammoniacale (mg/dm)</u>

Anni	Acqua potabile pretrattata Mizrakhin LLC	Acqua potabile pretrattata OOO Anisimov	Acqua potabile in 1 taxon	Efficienza del pretrattamento dell'acqua potabile da parte di Mizrahin LLC	Efficienza del trattamento aggiuntivo dell'acqua potabile della LLC Anisimov
2012	<0,05	<0,05	0,019±0,011	2,6	2,6
2013	<0,1	<0,1	0,22±0,06	2,2	2,2
2014	<0,1	<0,1	0,31±0,05	3,1	3,1
p	[1]$p = 0,223$; $p < 0,001$[2]				

[122]Nota. p - livello di significatività dell'efficienza del pretrattamento dell'acqua potabile di rubinetto di diverse aziende produttrici secondo il criterio del χ - Pearson; - secondo l'analisi della varianza ANOVA a un fattore ($p < 0,001$).

Tabella 17

³**Caratteristiche comparative degli indicatori di qualità dell'acqua potabile di rubinetto in 1 distretto rurale (distretto di Krivoy Rog) e dell'acqua potabile pretrattata da diversi produttori in base al contenuto di nitriti, (mg/dm)**

Anni	Acqua potabile pretrattata Mizrahin LLC	Acqua potabile pretrattata OOO Anisimov	Acqua potabile in 1 taxon	Efficienza del pretrattamento dell'acqua potabile da parte di Mizrahin LLC	Efficienza del trattamento aggiuntivo dell'acqua potabile della LLC Anisimov
2012	<0,02	<0,02	15,45±0,04	772,5	772,5
2013	0,0	0,0	0,011±0,006	-	-
2014	0,0	0,0	0,031±0,014	-	-
p			$p = 0{,}2231$		

Nota. ¹p - livello di significatività dell'efficienza del post-trattamento
²acqua potabile di rubinetto di diversi produttori con il criterio del χ di Pearson.

Tabella 18

³**Caratteristiche comparative degli indicatori di qualità dell'acqua potabile di rubinetto in 1 distretto rurale (distretto di Krivoy Rog) e dell'acqua potabile pretrattata da diversi produttori in base al contenuto di nitrati (mg/dm)**

Anni	Acqua potabile pretrattata Mizrakhin LLC	Acqua potabile pretrattata OOO Anisimov	Acqua potabile in 1 taxon	Efficienza del pretrattamento dell'acqua potabile da parte di Mizrahin LLC	Efficienza del trattamento aggiuntivo dell'acqua potabile di Anisimov LLC
2012	<0,5	<0,5	1,71±0,18	3,42	3,42
2013	<0,5	<0,5	<0,5	1,0	1,0
2014	<0,5	<0,5	1,07±0,39	2,14	2,14
p			$p = 0{,}1991$		

¹Nota. p - livello di significatività dell'efficienza del post-trattamento
²acqua potabile di rubinetto di diversi produttori con il criterio del χ di Pearson.

³³L'azoto ammoniacale è stato costantemente rilevato nell'acqua pretrattata da entrambi i produttori in concentrazioni (<0,05 - 0,1) mg/dm, così come nell'acqua potabile di rubinetto in un intervallo compreso tra (0,019±0,011) e (0,31±0,05) mg/dm, con una tendenza ad aumentare di 16,3 volte nel periodo 2012-2014. Allo stesso tempo, è stata dimostrata un'efficienza affidabile del pretrattamento dell'acqua potabile da parte di entrambe le aziende produttrici, pari a 2,6 - 3,1 volte (p < 0,001) (Fig. 21).

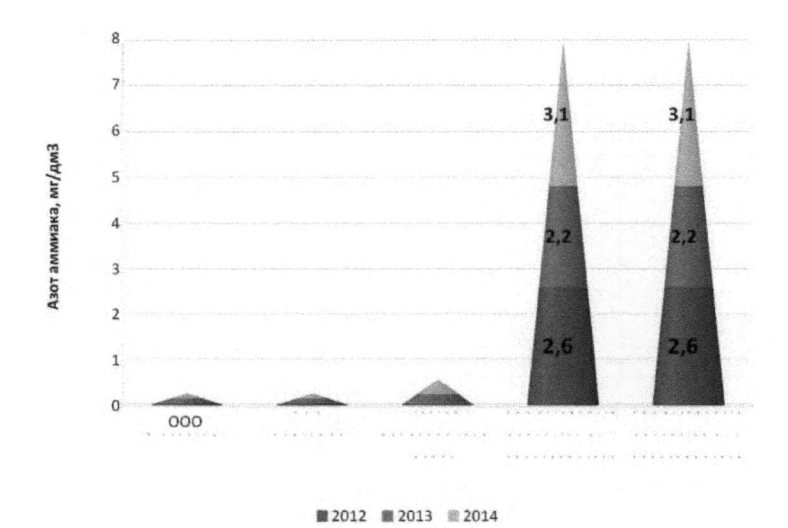

[Grafico a coni con legenda: ■ 2012 ■ 2013 ■ 2014. Asse Y: Азот аммиака, мг/дм3. Valori visibili: 000; 3,1; 3,1; 2,2; 2,2; 2,6; 2,6]

Figura 21. Caratterizzazione comparativa della qualità dell'acqua di rubinetto nel distretto di Krivoy Rog e dell'acqua potabile pretrattata da diversi produttori in termini di contenuto di azoto ammoniaca.

I nitriti hanno superato il MAC nell'acqua di rubinetto di 1 taxon 772,5 volte nel 2012 e 1,5 volte nel 2014. [3]Nell'acqua pretrattata da entrambi i produttori, i nitriti rientravano nel MAC (< 0,02 mg/dm) nel 2012 ed erano assenti nel 2013-2014 (p = 0,223) (Fig. 22).

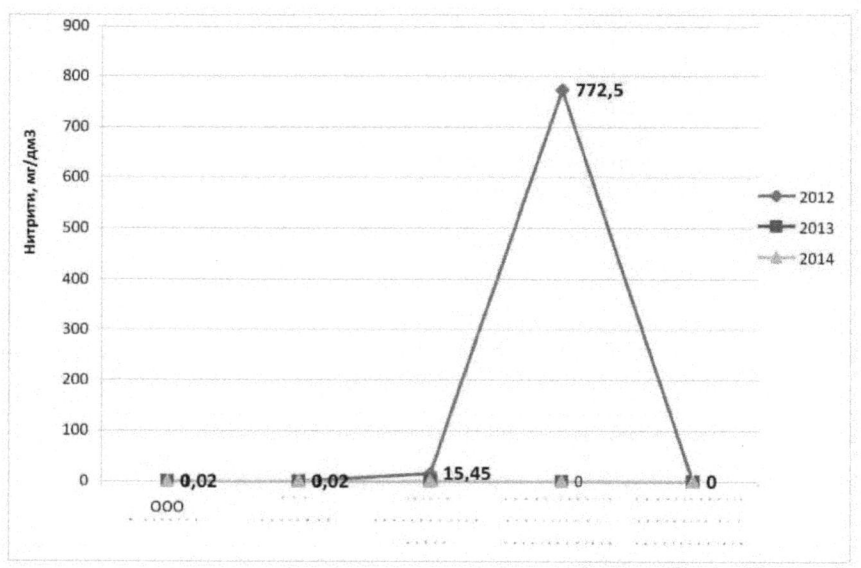

[Grafico a linee. Asse Y: Нитриты, мг/дм3. Legenda: ●2012, ■2013, ▲2014. Valori: 0,02; 0,02; 15,45; 772,5; 0; 0; 000]

Figura 22. Caratterizzazione comparativa della qualità dell'acqua di rubinetto nel distretto di

Krivoy Rog e dell'acqua potabile pretrattata da diversi produttori in termini di contenuto di nitriti.

Il contenuto di nitrati nell'acqua pretrattata e in quella di rubinetto non ha superato il MAC nel periodo 2012-2014. [33]Nell'acqua pretrattata sono state riscontrate basse concentrazioni di nitrati (< 0,5 mg/dm), mentre nell'acqua di rubinetto i nitrati erano compresi tra (1,71±0,18) e (1,07±0,39) mg/dm, con una tendenza a diminuire di 1,6 volte. L'efficienza del pretrattamento dell'acqua per questo indicatore è passata da 3,42 volte nel 2012 a 2,14 volte nel 2014 (Figura 23).

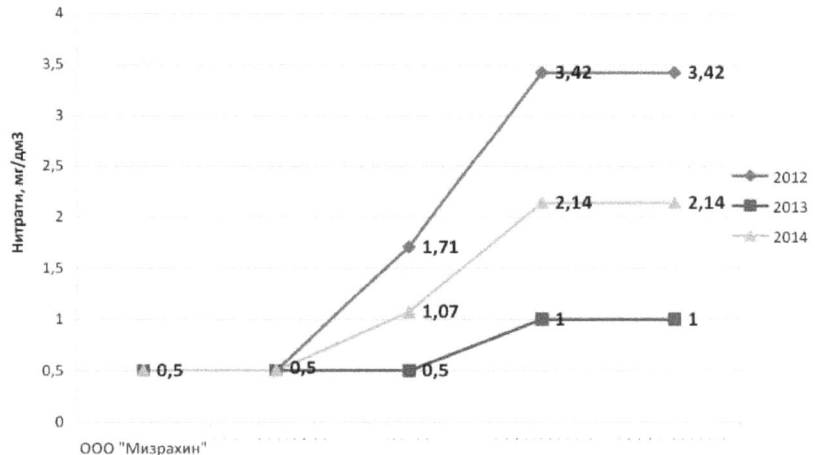

Figura 23. Caratterizzazione comparativa della qualità dell'acqua di rubinetto nel distretto di Krivoy Rog e dell'acqua potabile pretrattata da diversi produttori in termini di contenuto di nitrati.

L'aumento dell'acidificazione in tutti i tipi di fornitura di acqua potabile richiama l'attenzione (Tabella 19).

Tabella 19

[3]Caratteristiche comparative degli indicatori di qualità dell'acqua potabile di rubinetto in 1 distretto rurale (distretto di Krivoy Rog) e dell'acqua potabile pretrattata da diverse aziende - produttori sull'acidificazione, (mgO2/dm)

Anni	Acqua potabile pretrattata Mizrahin LLC	Acqua potabile pretrattata OOO Anisimov	Acqua potabile in 1 taxon	Efficienza del pretrattamento dell'acqua potabile da parte di Mizrahin LLC	Efficienza del trattamento aggiuntivo dell'acqua potabile di Anisimov LLC
2012	1,62±0,01	1,27±0,20	5,57±0,08	3,44	4,38
2013	0,26±0,02	2,63±0,25	3,08±0,09	11,85	1,17
2014	3,70±0,10	3,77±0,02	4,04±0,83	1,09	1,07
p	\multicolumn{5}{c}{p = 0,1991}				

Nota. ^{2}Ip - livello di significatività dell'efficienza del pretrattamento dell'acqua potabile di rubinetto da parte di diverse aziende - produttori secondo il criterio di Pearson χ - Pearson.

Così, nell'acqua pretrattata del 1° produttore (LLC "Mizrakhin") l'ossidabilità ha superato l'MPC 2,2 volte nel 2012 e 5,0 volte nel 2014. L'acqua pretrattata del secondo produttore (LLC "Anisimov") ha costantemente superato il valore regolamentare di acidità: 2,0 MAC - nel 2012, 3,5 MAC - nel 2013, 5,03 MAC - nel 2014. L'ossidabilità più elevata è stata mostrata nell'acqua di rubinetto del taxon 1: 7,4 MAC - nel 2012, 4,1 MAC - nel 2013, 5,4 MAC - nel 2014 (p = 0,199).

$_2{}^3$Secondo la norma GOST 7525:2014 [50], l'acidità non dovrebbe essere superiore a 0,75 mgO /dm nell'acqua della rete idrica potabile decentralizzata. Allo stesso tempo, l'efficienza del pretrattamento dell'acqua è aumentata nell'acqua di 1 produttore: di 3,44, 11,8 e 1,09 volte; mentre nell'acqua pretrattata da 2 produttori: di 4,38, 1,17 e 1,07 volte.

Questa tendenza è probabilmente dovuta all'afflusso sistematico di sostanze organiche nella fonte di approvvigionamento idrico del taxon 1 - il serbatoio di Karachunovskoye, la cui acqua è utilizzata per l'approvvigionamento di acqua potabile di questo taxon (distretto di Krivoy Rog), e contemporaneamente utilizzata da imprese specializzate per un ulteriore trattamento (aziende produttrici LLC "Mizrakhin" e "Anisimov"), dall'acqua potabile proveniente dal sistema di approvvigionamento idrico centralizzato nella zona di urbanizzazione di Krivoy Rog, ovvero il serbatoio di Karachunovskoye (Fig. 24). 24).

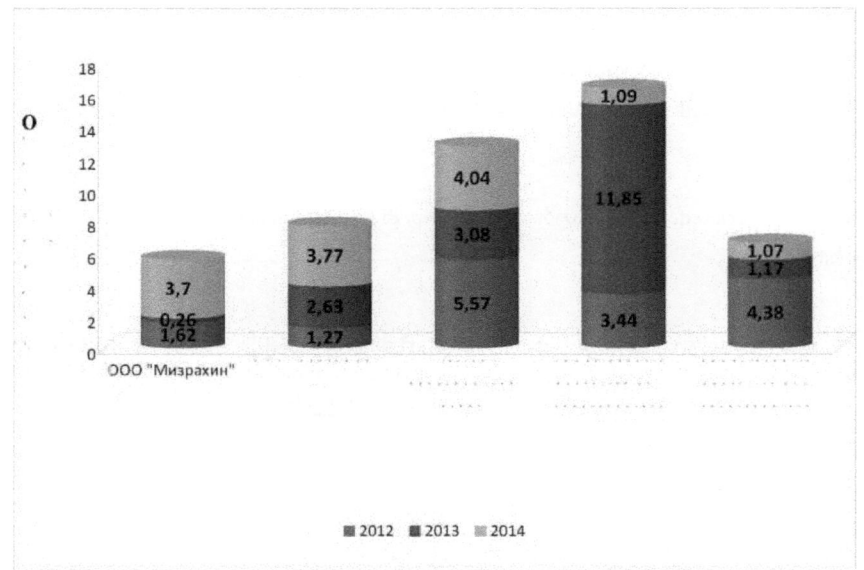

Figura 24. Caratterizzazione comparativa della qualità dell'acqua di rubinetto nel distretto di Krivoy Rog e dell'acqua potabile pretrattata da diversi produttori in termini di ossidazione.

CONCLUSIONE

1. Ad oggi, il fiume Ingulets e il bacino idrico di Karachunovskoye hanno subito un intenso inquinamento antropico associato alle attività delle imprese minerarie della città di Krivoy Rog. Il deterioramento della qualità dell'acqua del fiume Ingulets è un problema nazionale. C'è il rischio di accumulare volumi significativi di acqua altamente mineralizzata nel bacino di Karachunovskoye. Lo scarico a lungo termine di acque reflue di miniera, cava, filtrazione e industriali non sufficientemente trattate nel fiume Ingulets porta a una riduzione dei processi di autodepurazione.

2. Inoltre, le tecnologie obsolete di trattamento dell'acqua potabile non svolgono una funzione di barriera contro molti inquinanti dei corpi idrici naturali, che corrispondono principalmente alla classe di qualità 3, mentre le strutture di approvvigionamento idrico sono progettate per trattare efficacemente le acque di sorgente di classe 1.

3. Il miglioramento delle sole tecnologie di trattamento dell'acqua in base alle classi idriche della fonte, senza garantire un'adeguata condizione sanitaria e tecnica delle reti di approvvigionamento idrico, non può contribuire a ottenere acqua potabile di qualità garantita.

4. La struttura della morbilità tra la popolazione adulta nei diversi taxa della regione di Dnepropetrovsk differisce per classi di malattie. Così, nel taxon 1 il maggior peso specifico è mostrato per le malattie: X (27,9 %), IX (11,51 %), XIV (7,74 %), XIII (5,10 %) e XI classe (4,20 %); nel taxon 2: Per le malattie di X (25,32 %), IX (13,9 %), XIV (8,19 %), XII (4,22 %), XIII (6,21 %) e IV classi (2,98 %); nel taxon 3: per le malattie di X (28,97 %), IX (13,55 %), XII (5,90 %), XIV classi (5,88 %) e XIII classi (4,01 %); nel taxon 4: Per le malattie delle classi X (26,17 %), IX (13,43 %), XIV (7,71 %), XIII (4,03 %) e XI (4,01 %); nel taxon 5: Per le malattie di X (27,79 %), IX (12,17 %), XIV (7,15 %), XIII (5,09 %), XII classi (4,44 %); in 6 taxon: per le malattie di X (22,86 %), IX (13,71 %), XIV (6,84 %), XIII (6,26 %) e XI classi (4,26 %).

5. Così, nella struttura di tutte le malattie tra la popolazione adulta è stato stabilito il modello della più alta incidenza di malattie dell'apparato respiratorio, dell'apparato circolatorio, dell'apparato genitourinario, dell'apparato muscolo-scheletrico e degli organi digestivi in tutti i taxa rurali della regione di Dnipropetrovsk. Il peso specifico più basso è stato stabilito per le malattie della XI classe (K80-K87), della XIV classe (N25-N29) e (N17-N19), nonché della XVII classe, comprese le anomalie congenite del sistema circolatorio in tutti i taxa della regione.

6. I risultati del nostro studio mostrano in modo convincente che il maggior peso specifico nella struttura di tutte le malattie tra la popolazione adulta, in tutti e 6 i tipi di taxa nella regione di

Dnepropetrovsk, causato da malattie dei sistemi respiratorio, circolatorio, digestivo, genitourinario, osseo e muscolare e da altre classi di malattie, si correla con i dati della letteratura [47, 48, 49]. In particolare, le malattie infettive e parassitarie, le malattie del sistema nervoso, del sangue e degli organi emopoietici, comprese le anemie, le neoplasie, nonché alcune forme nosologiche - artropatia salina, calcoli renali e dell'uretere, anomalie congenite (malformazioni), compreso il sistema circolatorio, occupano gli ultimi posti nella struttura di tutte le malattie tra i residenti rurali in tutti i taxa della regione per il periodo 2008-2013.

7. La valutazione comparativa degli indicatori di qualità della fornitura di acqua potabile nell'acqua pretrattata e nell'acqua di rubinetto ha mostrato una somiglianza in alcuni indicatori, come ad esempio: maggiore acidificazione, presenza costante di azoto ammoniacale, che dovrebbe essere assente secondo la norma GOST 7525:2014 [50], somiglianza della composizione salina (residuo secco, contenuto di cloruri e solfati, pH), a fronte di una bassa concentrazione di TM (Cu, Zn, Mn), nitriti e nitrati, alluminio e fluoruro in alcuni anni di osservazione nei campioni di acqua potabile pretrattata di entrambi i produttori.

8. La somiglianza degli indicatori di qualità dell'acqua potabile dell'acqua di rubinetto e dell'acqua pretrattata nella zona di urbanizzazione di Krivoy Rog è probabilmente dovuta all'uso simultaneo come fonte di approvvigionamento idrico del serbatoio di Karachunovskoye, la cui acqua viene utilizzata sia per l'approvvigionamento di acqua potabile di un distretto (Krivoy Rog) sia per il pretrattamento dell'acqua da parte di diverse aziende produttrici nella stessa zona di urbanizzazione di Krivoy Rog.

9. È emerso che tra gli abitanti dei taxon rurali della regione di Dnepropetrovsk il maggior numero di fonti di approvvigionamento di acqua potabile si trova nel taxon 1 (244 fonti d'acqua, pari al 33,6%), nel taxon 6 (227, pari al 31,3%) e nel taxon 5 (107, pari al 14,7%); mentre il minor numero si trova nel taxon 4 (94, pari al 13%), nel taxon 3 (33, pari al 4,5%) e nel taxon 2 (20, pari al 2,7%). Allo stesso tempo, il maggior numero di fonti di approvvigionamento di acqua potabile decentralizzate si trova nel taxon 1 - 235 (43,6%); il minor numero è nel taxon 3: 5 (0,9 %). Tra le fonti d'acqua centralizzate, il numero più elevato si trova nel taxon 6: 79 (42,2%), il più piccolo nel taxon 2: 20 (2,7%). In tutti i 6 taxon della regione di Dnepropetrovsk il numero totale di fonti di approvvigionamento idrico è di 725, tra cui: 187 - centralizzate, 538 - decentrate.

10. È stato riscontrato che una parte dei residenti rurali della stragrande maggioranza dei taxa rurali dell'oblast' di Dnepropetrovsk, che dovrebbero essere serviti da sistemi collettivi di fornitura di acqua potabile, non hanno accesso all'acqua potabile di qualità, in quanto i tassi di copertura in tutti i taxa dell'oblast' da parte dei sistemi collettivi di fornitura dell'acqua erano al di sotto degli "Indicatori

nazionali target" raccomandati [420] da (18,5 - 1,5) a (25,9 - 2,0) volte: (50 - 70) % - nei villaggi, (90 - 100) % - nelle città e negli insediamenti, (90 - 100) % - nelle città e nei villaggi [420]. [420] da (18,5 - 1,5) a (25,9 - 2,0) volte: (50 - 70) % - nei villaggi, (90 - 100) % - nelle città e nei paesi.

11. I risultati della ricerca condotta hanno permesso di giustificare scientificamente un approccio globale al miglioramento del fiume Ingulets e del serbatoio Karachunovskoye - le principali fonti di approvvigionamento idrico centralizzato per la popolazione rurale della zona di urbanizzazione di Krivoy Rog; di formare una serie di misure mirate alla necessità di implementare prioritariamente il sistema di monitoraggio degli indicatori di salute della popolazione rurale; di delineare la necessità primaria di utilizzare acqua potabile pretrattata nei taxon rurali della regione di Dnepropetrovsk, che non hanno accesso all'acqua potabile nelle aree rurali della regione di Dnepropetrovsk.

ELENCO DI RIFERIMENTO:

1. Serdyuk, A.M. 20 anni dell'Accademia Nazionale di Scienze Mediche dell'Ucraina: risultati e uno sguardo al futuro / A.M. Serdyuk // Journal of the National Academy of Medical Sciences of Ukraine. - Vol. 19. - № 2. -2013. -C. 134 - 138.
2. Prokopov, V.A. Stato e qualità dell'acqua potabile dei sistemi di approvvigionamento idrico centralizzati in condizioni moderne (visione del problema dal punto di vista igienico) / V.A. Prokopov // Hygiene of populated places. - Edizione 64. - K., 2014. - C. 56 - 67.
3. Ryzhenko S.A. Modi per fornire alla popolazione della regione di Dnepropetrovsk acqua potabile di qualità / S.A. Ryzhenko, K.P. Vainer // Atti della III Conferenza internazionale scientifica e pratica "Stile di vita sano: problemi ed esperienze". - 2013. - C. 315 - 319.
4. Mokienko, A.V. Giustificazione della ricerca dell'influenza del fattore acqua sulla salute della popolazione (revisione della letteratura) / A.V. Mokienko, L.I. Kovalchuk // Hygiene of populated places. - Edizione 64. - K., 2014. - C. 67 -76.
5. Gozhenko A.I. Acqua e salute: un tentativo di valutazione del problema: una revisione della letteratura / A.I. Gozhenko, A.V. Mokienko, N.F. Petrenko // Health of Ukraine. - 2006. - C. 6 - 12.
6. Okrugin, Yu.A. Influenza degli indicatori microbiologici e parassitologici delle acque reflue domestiche sulla qualità dell'acqua dei corpi idrici aperti / Yu.A. Okrugin, S.V. Kapranov, L.I. Kosenko // Ambiente circostante e salute. - 2003. - № 4 (27). - C. 51 - 56.
7. Prokopov, V.A. Problemi scientifici e pratici per fornire alla popolazione dell'Ucraina acqua potabile di qualità / V.A. Prokopov // Atti del XIV Congresso degli igienisti dell'Ucraina "Scienza e pratica igienica alla fine del secolo". - T. 1. - Dnepropetrovsk, 2004. - C. 109 - 111.
8. Valutazione del rischio di effetti non cancerogeni su organi e sistemi della popolazione di città monoindustriali e aree rurali / V.M. Boev, D.A. Kryazhev, L.M. Tulina, A.A. Neplokhov, M.V. Boev // Atti del plenum del Consiglio scientifico della Federazione russa sull'ecologia umana e l'igiene ambientale (11 - 12 dicembre 2014). - Mosca: FGBU "Istituto di ricerca sull'ecologia umana e l'igiene ambientale intitolato a A.N. Sysin" del Ministero della Salute della Russia, 2014. -C. 55 - 57.
9. Onishchenko G.G. Sullo stato sanitario ed epidemiologico dell'ambiente / G.G. Onishchenko // Hygiene and sanitation. - 2013. - № 2. -C. 4 - 10.
10. Mudry I.V. Metalli pesanti nell'ambiente e loro effetto sull'organismo / I.V. Mudry, T.K.

Korolenko // Doctor's case. - 2002. -№ 5. -C. 6 -9.
11. Rukavichka, A.N. Organizzazione del monitoraggio ecologico e igienico dell'accumulo di metalli pesanti nel sistema "suolo - produzione vegetale" sul territorio del distretto Dubrovitsky della regione di Rivne / A.N. Rukavichka, I.V. Gushchuk // Hygiene of inhabited places. - Edizione 62. -K., 2013. -C. 100 - 106.
12. Sorveglianza dei focolai di malattie di origine idrica / Boubetra L., Le Nestour F., Allaert C., Feinberg M. // Appl. Environ. Environ. Microbiol. - Maggio 2011. -№ 77 (10). -P. 3360 - 3367.
13. Vulnerabilità dei pozzi di acqua potabile / Parker A.A., Stivenson R.A., Raily P.L., Ombeki S.A., Komolleh C.L.. // Epidemiol. Infect. - Ottobre 2006. - № 134 (5). -P. 1029 - 1036.
14. Stato della contaminazione delle acque sotterranee negli USA / Mausezahl D., Teller F., Iriarte M. // Clinical Microbiol. - Luglio 2010. -№ 23 (3). -P. 507 - 528.
15. Qualità dell'acqua per il bestiame / Hattendorf J.L., Cattaneo M.D., Arnold V.F., Smith T.J. // Water Resources. - Novembre 2010. -№ 49 (1). - P. 9 - 15.
16. Fattori di rischio che contribuiscono alla contaminazione microbiologica dell'acqua potabile / Gueler F.M., Heiringhoff K.H., Engeli S.P., Heusser K.L.. // Environ. Health Perspectives. - Ottobre 2012. - № 6 (8). - P. 823 - 935.
17. Manuale di igiene sociale e organizzazione sanitaria in 2 volumi. T. 1 / Y. P. Lisitsyn, E. N. Shigan, I. S. Sluchanko [et al]. A cura di Y. P. Lisitsyn. -M.: Medicina, 1987. - 432 c.
18. Valutazione prognostica degli indicatori di morbilità della popolazione residente nella zona di influenza della centrale nucleare di Khmelnitsky / N. S. Polka, V. M. Dotsenko, A. I. Kostenko, I. V. Kakura // Proceedings of the XIX International Scientific and Practical Conference and Exhibition-Fair. Volume II. "Kazantip-EKO-2011", (6-10 giugno 2011, AR Crimea, Capo Kazantip, Shchelkino). - Kharkiv: UkrGSTC "Energostal", 2011. -C. 7-13.
19. Raccomandazioni metodologiche "Valutazione del rischio per la salute pubblica derivante dall'inquinamento atmosferico" MR 2.2.12-142-2007. - In vigore dal 13.04.2007. - Kiev: Ministero della Salute dell'Ucraina, 2007. - 39 c.
20. Chernichenko I. A. Basi scientifiche del razionamento igienico degli agenti chimici cancerogeni in caso di assunzione complessa e combinata nell'organismo: tesi di laurea in scienze mediche: spets. 14.02.01 "Igiene" / I. A. Chernichenko. - Kiev, 1992. -44 c.
21. Trakhtenberg I. M. I metalli pesanti come inquinanti chimici della produzione e dell'ambiente. Aspetti ecologici e igienici / I. M. Trakhtenberg. - Minsk : Scienza e tecnologia, 1994. - 285 c.
22. Metalli pesanti nell'ambiente e loro effetto sull'organismo (rassegna) / R. S. Gildenskiold, Y. V. Novikov, R. S. Khamidulin et al. // Igiene e sanità. - 1992. - № 5-6. - C. 6-9.

23. Yanysheva N. Ya. Problemi igienici di protezione dell'ambiente dall'inquinamento da agenti cancerogeni / N. Ya. Yanysheva, I. S. Kireeva, I. A. Chernichenko et al. - Kiev: Zdorovye, 1985. - 102 c.

24. Persheguba Ya. V. Valutazione comparativa del rischio cancerogeno degli alimenti e dell'aria atmosferica della città / J. V. Persheguba // Proceedings of the XIX International Scientific and Practical Conference and Exhibition-Fair. Volume II. "Kazantip-EKO-2011", (6-10 giugno 2011, AR Crimea, Capo Kazantip, Shchelkino). - Kharkov: UkrGSTC "Energostal", 2011. - C. 19-23.

25. Valutazione igienica delle risorse idriche / V. L. Savina, S. V. Vitrischak, A. E. Akberov, V. V. Zhdanov // Proceedings of the XIX International Scientific and Practical Conference and Exhibition-Fair. Volume III. "Kazantip-EKO-2011", (6-10 giugno 2011, AR Crimea, Capo Kazantip, Shchelkino). - Kharkov: UkrGSTC "Energostal", 2011. -C. 303-305.

26. Progetto "Regione di Dnipropetrovsk. Piano di pianificazione territoriale". Nota esplicativa. T. I, II / Istituto di ricerca statale ucraino per la progettazione urbana "Dnepropetrovsk". - Kiev. - 2009.

27. SanPiN No. 4630-88 Norme e regole sanitarie per la protezione delle acque superficiali dall'inquinamento.

28. GOST 4808:2007 Fonti di approvvigionamento centralizzato di acqua potabile. Requisiti igienici e ambientali per la qualità dell'acqua e regole di campionamento. - Kiev, 2012. - 27 c.

29. Requisiti igienici dell'acqua potabile destinata al consumo umano: norme e regole sanitarie statali GSanPiN 2.2.4-171-10; approvate con decreto del Ministero della Salute del 12.05.2010 № 40. - Modalità di accesso: http://normativ.ua/types/tdoc19074.php.

30. Indicatori di salute della popolazione della regione di Dnipropetrovsk   nel 2008-2013. - Dnipropetrovsk: Dipartimento principale
assistenza sanitaria dell'amministrazione statale regionale. Centro regionale di statistica medica di Dnipropetrovsk, 2014. - 286 c.

31. ICD X: Classificazione statistica internazionale delle malattie e dei problemi sanitari correlati. - 10a revisione. - Ginevra: OMS, 1995. -T. 1, Ч. 1. - 698 p., cap. 2. -633 p., Cap. 2. -172 p.

32. Borovikov V. STATISTICA: L'arte dell'analisi dei dati al computer. Per professionisti / V. Borovikov. - San Pietroburgo, 2001. - 656 c.

33. Lapach S. N. Metodi statistici nella ricerca biomedica con Excel / Lapach S. N., Chubenko A.. N., Chubenko A. V. V., Babich P. N.-K.: Morion, 2001. -408 c.

34. Stato dell'inquinamento ambientale sul territorio dell'Ucraina http://www.cgo.kiev.ua/index.pdf

35. Stato dell'approvvigionamento economico e di acqua potabile decentralizzato Prokopov V.A., Kuzminets A.N., Sobol V.A. // Igiene dei luoghi popolati. - 2008. - Edizione 51. - C. 63-68.

36. Ryzhenko, S.A. Trihalomethanes in drinking tap water / S.A. Ryzhenko // Preventive medicine. - 2009. - № 4. - C. 2021.

37. Koshelnik, M.A. Carico tecnologico sui corpi idrici: conseguenze per la salute pubblica / M.A. Koshelnik // Medicina preventiva. - 2009. -№ 4. - C. 28-31.

38. Qualità dell'acqua della rete idrica centralizzata in Ucraina in base a indicatori sanitari-microbiologici e alla morbilità infettiva associata / Korchak G.I., Surmacheva A.V., Nekrasova L.S. et al. // Ambiente e salute. - 2012. - № 4. - C. 39-41.

39. Dall'esperienza del gossannadzor sulla qualità dell'acqua potabile confezionata / Larchenko, V.I.; Ovchinnikova, V.A.; Zaitsev, V.V.; Ostapchuk, E.A.; Zadvornaya, V.V. // Ambiente e salute. - 2008. - № 1 (44). - C. 43-44.

40. Programma nazionale per il miglioramento ecologico del bacino del Dnieper e per il miglioramento della qualità dell'acqua potabile. Risoluzione della Verkhovna Rada dell'Ucraina del 27 febbraio 1997.

41. L'acqua come fonte di malattie infettive / Nikolenko P. P. P., Beloivanenko V. I., Kuleshov N. I. // Med. Vesti. - 1997. - № 3. - C. 14-16.

42. Influenza degli indicatori microbiologici e parassitologici delle acque reflue domestiche sulla qualità delle acque dei corpi idrici aperti / Okrugin Y. A., Kapranov S. V., Kosenko L. I. e altri // Environment and Health. V., Kosenko L. I. e altri // Ambiente e salute. - 2003. - № 4 (27). - C. 51-56.

43. Alekseenko, N.N. Valutazione ecologica delle condizioni di qualità dell'acqua del bacino di Kremenchug / N.N. Alekseenko // Ambiente e salute. - 2004. - № 2 (29). - C. 30-35.

44. Palchitsky A. M. Il lago artificiale di Kakhovka: stato attuale e possibile prognosi ecologica e sanitaria.

A.M. Palchitsky // Igiene e igiene. - 1991. -№ 10. -C. 21-25.

45. Ryzhenko S.A. Aspetti distinti dello stato dell'ambiente della regione tecnogena e approcci nell'organizzazione del lavoro del servizio epidemiologico statale della regione di Dnepropetrovsk / S.A. Ryzhenko // Ambiente e salute. - 2004. - № 2 (29). - C. 48-53.

46. Hryhorenko LV. Qualità dell'acqua potabile nel bacino di Karachunyvskyi / L.V. Hryhorenko // Austrian Journal of Technical and Natural Sciences. - 2014 (28 febbraio). -№1. -C.40 -45.

47. Approcci scientifici e metodologici al calcolo delle perdite mediche, demografiche ed

economiche effettive e prevenute associate all'impatto negativo dei fattori ambientali / N. V. Zaitseva, I. V. May, D. A. Kiryanov // Atti del plenum del Consiglio scientifico sull'ecologia umana e la salute ambientale (11 - 12 dicembre 2014). - M.: FGBU "Istituto di ricerca di ecologia e igiene intitolato a A. N. Sysin del Ministero della Salute della Federazione Russa". - C. 85 - 103.

48. Relazione delle malattie croniche non infettive con lo stato dell'ambiente / Yu.A. Rakhmanin, A.A. Stehin, G.V. Yakovleva, V.V. Ryabikov // Atti del Plenum del Consiglio scientifico sull'ecologia umana e l'igiene ambientale (11 - 12 dicembre 2014). Ryabikov // Atti del Plenum del Consiglio scientifico sull'ecologia umana e l'igiene ambientale (11 - 12 dicembre 2014). - M.: FGBU "Istituto di ricerca di ecologia e igiene intitolato a A.N. Sysin del Ministero della Salute della Federazione Russa". - C. 78 - 93.

49. Problemi analitici nello studio del complesso effetto dei fattori ambientali sulla salute pubblica / A. G. Malysheva, E. G. Rastiannikov, N. Yu. Kozlova // Atti del plenum del Consiglio scientifico sull'ecologia umana e l'igiene ambientale (11 - 12 dicembre 2014). - Mosca: FGBU "Istituto di ricerca di ecologia e igiene intitolato a A. N. Sysin del Ministero della Salute della Federazione Russa". - C. 118 - 140.

50. Acqua potabile. Requisiti e metodi di controllo della qualità. GOST 7525:2014. - Kiev: Ministero dello Sviluppo Economico dell'Ucraina, 2014. - 25 c.

Grigorenko Lyubov Viktorovna, Candidato di Scienze mediche, Professore associato del Dipartimento di Igiene ed Ecologia dell'Accademia Medica di Dnipropetrovsk. Seconda istruzione superiore nella direzione della formazione 6.020303 "Specialista in Filologia. Traduttore di lingua inglese". Conduce lezioni pratiche e consulenze, tiene lezioni sul tema: "Igiene generale ed ecologia" per studenti stranieri di lingua inglese e studenti delle facoltà di medicina dei corsi VI della specialità: "Medicina".

Autore di 130 pubblicazioni: 79 di carattere scientifico e 51 di carattere didattico e metodologico, di cui 17 in pubblicazioni fakh. Dopo la difesa della tesi di laurea ha pubblicato 102 articoli scientifici: 59 - su riviste scientifiche e 43 di carattere didattico-metodologico, tra cui 14 lavori in pubblicazioni fakh, 10 - articoli stranieri, 4 - su riviste scientifiche-cometriche internazionali; 10 sussidi didattici per studenti di lingua inglese; 6 certificati d'autore.

Membro della Federazione del team nazionale di scienziati del progetto internazionale IASHE (a Londra). Per tre volte è stata premiata con la medaglia di bronzo per la migliore pubblicazione in lingua inglese come vincitrice della I, II e III fase dei concorsi nel ramo "Medicina e Farmacia, Biologia, Medicina Veterinaria e Agricoltura", sezione: "Igiene".

I want morebooks!

Buy your books fast and straightforward online - at one of world's fastest growing online book stores! Environmentally sound due to Print-on-Demand technologies.

Buy your books online at
www.morebooks.shop

Compra i tuoi libri rapidamente e direttamente da internet, in una delle librerie on-line cresciuta più velocemente nel mondo! Produzione che garantisce la tutela dell'ambiente grazie all'uso della tecnologia di "stampa a domanda".

Compra i tuoi libri on-line su
www.morebooks.shop

info@omniscriptum.com
www.omniscriptum.com

OMNIScriptum

Milton Keynes UK
Ingram Content Group UK Ltd.
UKHW032223011124
450424UK00002B/489